콘크리트 실무지침 KCI PM102.1-14

국내외 주요 기준의 휨-압축 부재 설계 및 예제

휨-압축위원회

사단법인 한국콘크리트학회
Korea Concrete Institute

발간사

올해에 우리 학회는 벌써 창립 25주년이 되었습니다. 그동안 우리 학회는 본연의 역할인 해당 분야의 학문과 기술을 향상시키면서 모범 전문학회로서 크게 성장하여 왔습니다. 특히 지난 학회 20주년을 기념하여 보다 체계적인 참고문헌을 발간하기 위하여 '콘크리트실무지침편찬특별위원회'를 구성하여 전문서적을 꾸준히 발간하여 왔습니다.

이 특별위원회(당시 위원장 김상식 명예회원)는 2009년에 처음으로 구성되어 많은 노력 끝에 2010년 말 처음으로 『해양 콘크리트의 염해 내구성 및 설계』, 『매스 콘크리트의 온도 균열 제어』, 『고유동 콘크리트의 제조 및 시공』, 『콘크리트 구조물 이음의 설계 및 시공』, 『콘크리트 양생』 등 5권의 실무매뉴얼을 발간한 바 있습니다. 그 후 2011년 특별위원회는 학회 연구전문위원회의 도움을 받아 출판을 기획하여 『건축 포스트텐션 시스템』, 『PS 긴장재의 시공, 긴장관리 및 그라우팅』, 『콘크리트 장기거동 해석 및 적용』, 『폴리머 콘크리트 복합체의 제조 및 시공』, 『콘크리트 구조물의 방수기술』, 『레디믹스트 콘크리트 품질 문제의 원인 및 대책』, 『콘크리트 제조, 운반 및 타설』 등 7개의 실무매뉴얼을 2012년에 발간하게 되었습니다. 그리고 2012년, 2013년, 2014년에 각각 6개씩 기획된 18개의 실무지침이 현재 작성 중에 있으며, 이 중에서 『국내외 주요 기준의 휨-압축 부재 설계 및 예제』, 『콘크리트 구조물의 철근 부식 진단과 방지 대책』, 『섬유보강 고인성 시멘트 복합재료의 구조적 이용과 성능 평가』, 『프리스트레스트 콘크리트 건축물과 플랜트 구조물의 설계 및 공법』, 『수중구조물의 점검 및 보수보강 지침』, 『시스템 거푸집의 설계와 시공』 6권을 이번에 발간하게 되었습니다. 지난번 발간사에서도 밝힌 바와 같이 이번 발간물도 마지막이 아니고 앞으로 계속 많은 실무지침을 발간할 예정이며, 이미 발간된 매뉴얼도 계속 수정해 나갈 것입니다. 아무쪼록 집필자들의 노력으로 발간된 각종 실무지침들이 회원과 독자 여러분에게 큰 도움이 되기를 바랍니다.

끝으로 지난 몇 년 간 어려운 여건 속에서도 열심히 노력하시어 실무지침을 작성하여 주신 집필책임자 이재훈 회원, 장승엽 회원, 윤현도 회원, 강현구 회원, 김완영 회원, 정하선 명예회원과 집필위원 여러분에게 감사드리며, 세심한 검토를 해주신 특별위원회 여러 위원님들에게도 감사드립니다.

2014. 12.

사단법인 한국콘크리트학회

콘크리트실무지침편찬특별위원회 위원장 김 진 근

학회 회장(13대) 정 란

머리말

철근콘크리트 구조에 대한 학습에서, 철근콘크리트 구조물의 설계와 단면해석에 대하여 가장 먼저 접하게 되는 것이 휨강도와 휨 설계이다. 휨강도는 교육기관에서 가장 먼저 배우는 가장 기초적인 것이기에 많은 기술자들이 당연히 잘 알고 있는 주제일 것이다. 그러나 철근콘크리트 구조의 거동에 대하여 충분히 알고 있지 않은 초기 학습과정에서 접하는 주제이기 때문에, 오히려 제대로 이해하지 못하였을 수도 있을 것이다. 또한 ACI 318을 참조로 제정된 우리나라의 설계기준에서 등가 직사각형 응력분포를 제시하고 있으므로, 이를 너무 강조하여 학습한 결과로서 오히려 휨강도 해석의 기본 내용을 왜곡해서 이해할 가능성도 적지 않다.

콘크리트 구조에 대한 우리나라의 설계기준이 주로 ACI 318을 참조로 하였기 때문에, 교육기관에서도 당연히 미국식의 강도설계법과 등가 직사각형 응력분포를 주로 교육할 수밖에 없었다. 그러나 최근의 조사에 의하면, ACI 318 Code를 근간으로 하는 설계기준을 적용하는 지역은 북미와 중남미 대륙의 국가들이며, 유럽형 한계상태설계법의 유로코드(Eurocode)를 근간으로 하는 설계기준을 적용하는 지역은 유럽, 아프리카, 중동, 동남아시아 및 인도와 그 인근 지역이고, 일본도 이와 유사한 설계기준을 적용하고 있다. 따라서 국내의 콘크리트 구조설계기술자들이 해외 설계업무에 참여하려면, 강도설계법의 ACI 318 Code를 근간으로 하는 설계기준뿐만 아니라 한계상태설계법의 유로코드를 근간으로 하는 설계기준에 대해서도 이해할 필요가 있을 것이다.

세계 각국에서 사용하는 콘크리트설계기준은 각각의 특징을 가진 몇 가지 방법을 적용한 설계기준으로 분류할 수 있어서, 세계 주요 설계기준의 내용을 이해하면 세계 각국에서 사용하는 거의 대부분의 설계기준의 내용을 쉽게 이해할 수 있을 것이다. 그 첫 번째 작업으로 휨강도 해석 방법에 대한 세계 주요 설계기준의 내용을 정리하였고, 이를 바탕으로 이해의 범위를 확장할 수 있을 것이다.

이 실무지침의 목적은 실무기술자들이 세계 주요 국가의 설계기준에서 채택하고 있는 철근콘크리트 부재의 설계휨강도 해석 방법을 이해하는 데 도움을 주기 위함이다. 이를 위하여, 휨강도 해석의 이론적 배경과 세계 주요 설계기준의 내용을 정리하고 비교하였으며, 예제를 수록하였다.

2014. 12.

휨-압축위원회(KCI 102) 위원장 이 재 훈

집필위원

집필책임자	이재훈(영남대학교)
집 필 위 원	김재요(광운대학교), 엄태성(단국대학교), 이도형(배재대학교) 조재열(서울대학교), 황도규(영남대학교)
자체검토위원	양은익(강릉원주대학교), 장일영(금오공과대학교), 최창식(한양대학교), 홍건호(호서대학교)

검토위원

검 토 위 원	박홍근(서울대학교), 서석구(서영엔지니어링)

발간물심의위원회

위 원 장	최재진(공주대학교)
위 원	윤석구(서울과기대), 최광호(남서울대학교), 배수호(안동대학교), 강석화(JNT INC) 이재훈(영남대학교), 임남기(동명대학교), 이기열(순천제일대학교), 장봉석(K-water)

실무지침편찬특별위원회(2014.12 현재)

위 원 장	김진근(KAIST)
고 문	김상식(인하대학교), 정영수(중앙대학교), 정하선(한국콘크리트학회 공학연구소)
간 사	배수호(안동대학교)
위 원	김대중(삼성물산(주)건설부문), 김은겸(서울과학기술대학교) 김종호((주)창민우컨설탄트), 곽홍근(서울대학교), 박홍기((주)태조엔지니어링) 서석구((주)서영엔지니어링), 신현목(성균관대학교), 연규석(강원대학교) 이광명(성균관대학교), 이재연(목원대학교), 정광량((주)동양구조안전기술) 최동욱(한경대학교), 한천구(청주대학교)

차 례

07 장 설계강도 해석 예제

제 1 장 서론

1.1 개요

철근콘크리트 구조물은 안전성을 확보하기 위하여 단면의 설계강도가 소요 강도 이상이 되도록 설계한다. 단면의 설계강도는 일반적으로 휨강도, 전단강도, 축강도, 비틀림강도의 네 가지로 나누어 각 단면력에 대하여 검토하며, 단면의 강도가 공칭강도에 도달하기 전에 철근과 콘크리트 사이의 부착파괴가 발생하지 않도록 정착 길이를 검토하고 이음 길이를 설계한다. 콘크리트 구조가 네 가지 단면력에 대하여 강도를 만족하여 안전성을 확보한 경우에도 설계기준에서 정한 계수하중보다 더 큰 하중이 작용한다면 구조물은 파괴에 도달한다. 이때 구조물이 파괴되더라도 어떤 형태로 파괴되는지가 또한 중요하다. 구조물이 파괴에 임박했을 때 파괴의 징후가 나타나도록 하여 사람들을 대피시키거나 대책을 세울 수 있도록 하는 것이 중요하므로, 설계에서는 구조물이 연성파괴(ductile failure)가 일어나도록 유도한다. 즉, 보나 슬래브와 같은 휨부재에서는 상대적으로 취성파괴(brittle failure)의 양상을 보이는 전단파괴가 발생하지 않도록 하고, 보다 연성파괴 양상을 보이는 휨파괴가 발생하도록 하여야 한다. 따라서 설계기준에서는 휨에 대한 강도감소계수를 전단에 대한 강도감소계수보다 큰 값으로 규정하여 휨파괴를 유도한다. 또 골조에서는 슬래브나 보의 휨파괴에 비하여 기

등의 압축파괴가 더 취성이며 구조물 전체의 붕괴를 유발할 수 있으므로, 압축에 대한 강도감소계수를 휨이나 전단에 대한 강도감소계수보다 작은 값으로 규정하고 있다. 따라서 설계기준에 따라 설계한다는 것은, 구조물 전체의 파괴 양상을 고려할 때 휨부재의 휨파괴가 가장 먼저 발생하도록 유도하는 것이라고 말할 수 있다.

구조물의 설계에서 휨부재의 휨파괴가 가장 먼저 발생하도록 유도한다는 것은, 하중이 증가함에 따라 부재에 작용하는 단면력이 설계휨강도에 먼저 도달하게 하는 것으로, 설계전단강도에 도달하도록 하는 하중이 훨씬 더 크다는 것을 의미한다. 따라서 부재의 안전성 확보의 측면에서 휨강도의 예측은 매우 중요한 의미를 갖는다. 이와 같이, 콘크리트 구조물의 안전성 확보의 차원에서 부재의 휨강도는 매우 중요한 항목이므로, 실무설계에서 부재의 설계휨강도를 설계기준에 따라 단순히 기계적으로 계산하는 것보다는 그 이론적 배경을 이해하고 숙고하면서 설계하는 것이 도움이 될 것이다.

한편, 국내 토목 분야에서는 대한토목학회에서 제정한 1968년 철근콘크리트표준시방서에 강도설계법이 부록에 수록된 후 1983년의 개정판부터 주된 설계법으로 채택되었다. 국내 건축 분야에서는 1988년 대한건축학회에서 제정한 '극한강도설계법에 의한 철근콘크리트 구조계산 규준 및 해설'을 통하여 처음으로 강도설계법이 도입되었다. 이후 콘크리트 기준의 통합에 대한 필요성에 따라 1999년에 한국콘크리트학회에서 콘크리트구조설계기준을 제정하였으며 2003년도와 2007년도의 개정을 거쳐 2012년에 콘크리트구조기준을 개정 · 발간하였다. 이들 설계기준들은 미국의 ACI 318 Code의 강도설계법을 채택하였고, 휨강도 해석 모델도 역시 ACI 318 Code에 따라 규정하였다. 따라서 휨강도의 해석에서 콘크리트의 압축응력분포를 실험결과와 동등한 결과를 주는 어떠한 형상의 응력분포도 사용할 수 있다고 규정하고 있으나, 현실적으로는 대부분의 설계자가 설계기준에서 근사 분포로 제시하고 있는 등가직사각형 응력분포를 사용하고 있다.

이와 같이 우리나라의 콘크리트구즈기준이 ACI 318 Code를 근간으로 제정되었으므로, 건축구조기준(2009), 도로교설계기준(2010), 철도설계기준(노반편)(2011) 등 대부분의 우리나라 구조설계기준에서는 콘크리트 구조물의 설계법으로 미국형의 강도설계법을 채택하고 있다. 그러나 최근에 유럽형의 한계상태설계법을 근간으로 하는 도로교설계기준 한계상태설계법(2012)이 제정되었다. 그 배경에는 한계상태설계법의 특성을 주목하여 우리나라의 콘크리트 설계기준에서도 유럽형 한계상태설계법의 개념을 반영하고자 하는 것 외에도, 설계업계의 해외진출에 기초를 제공하는 효과를 기대하는 것도 포함된다. 즉, 최근의 조사에 의하면, ACI 318 Code를 근간으로 하는 설계기준을 적용하는 지역은 북미와 중남미 대륙의 국가들이며, 중동과 동남아시아에서는 개개의 프로젝트별로 구조물의 설계에 ACI 318 Code를 근간으로 하는 설계기준이 적용되는 경우가 있다. 한계상태설계법의 유로코드(Eurocode)를 근간으로 하는 설계기준을 적용하는 지역은 유럽, 아프리카, 중동, 동남아시아 및 인도와 그 인근 지역으로, 일본도 이와 유사한 설계기준을 적용하고 있다고 할 수 있다. 따라서 국내의 콘크리트 구조설계기술자들이 해외 설계업무에 참여하려면, ACI 318 Code를 근간으로 하는 설계기준뿐만 아니라 한계상태설계법의 유로코드를 근간으로 하는 설계기준에 대해서도 이해할 필요가 있다.

그러나 ACI 318 Code에 기반을 둔 콘크리트 구조기준에 익숙한 우리나라의 기술자들은 부재 거동별로 강도감소계수를 적용하는 형식에 익숙해 있다. 즉, 휨모멘트, 전단력, 축력, 비틀림모멘트의 네 가지 단면력에 대하여 공칭강도를 계산하고, 각 거동별로 규정되어 있는 휨, 전단과 비틀림, 압축력 및 인장력에 대한 각각의 강도감소계수를 곱하여 설계강도를 결정하는 개념을 말한다. 또 대부분의 설계자가 설계기준에서 근사 분포로 제시하고 있는 등가직사각형 응력분포를 사용하여 휨강도를 계산하고 있다. 그러나 유로코드를 근간으로 하는 설계기준들은 재료별로 강도감소계수(재료부분안전계수, 재료저항계수)를 적용하는 개념을 채택하고 있으며, 콘크리트의 압축응력분포도 등가응력분포뿐만 아니라 포물선-직선의 응력분포를 기본으로 규정하는 특징이 있다.

이와 같이 세계 각국에서 사용하는 콘크리트설계기준은 각각의 특징을 가진 몇 가지 방법을 적용한 설계기준으로 분류할 수 있어서, 세계 주요 설계기준의 내용을 이해하면 세계 각국에서 사용하는 거의 대부분의 설계기준의 내용을 쉽게 이해할 수 있을 것이다.

이 실무지침의 목적은 실무기술자들이 세계 주요 국가의 설계기준에서 채택하고 있는 철근콘크리트 부재의 설계휨강도 해석 방법을 이해하는 데 도움을 주기 위함이다. 이를 위하여, 휨강도 해석의 이론적 배경과 세계 주요 설계기준의 내용을 정리하고 비교하였으며, 예제를 수록하였다.

1.2 설계법의 이해

이 실무지침은 세계 주요 국가의 설계기준에서 채택하고 있는 철근콘크리트 부재의 설계휨강도 해석 방법을 다루고 있으므로, 강도설계법이나 한계상태설계법을 채택하고 있는 다양한 설계기준을 대상으로 하고 있다. 그러나 우리나라의 구조기술자들은 미국에서 개발된 강도설계법의 기본개념과 적용 방법에 대하여 교육받고 실무에 적용하여 매우 깊은 지식을 가지고 있다고 할 수 있지만, 그 반면에 유럽에서 개발된 한계상태설계법에 대해서는 상대적으로 접할 수 있는 기회가 많지 않아서 한계상태설계법의 기본개념을 이해할 기회가 매우 제한적이었다. 따라서 이 실무지침에서 사용하고 있는 '한계상태설계법'이라는 용어가 어떤 의미인지 이 절에서 자세히 설명하여 이해를 돕고자 한다.

한계상태설계법(limit state design)은 동일하지 않은 두 가지 개념의 설계법을 지칭하는 용어로 사용되고 있으므로, 혼동을 피하기 위하여 매우 명확한 이해가 필요하다(신현묵 & 이재훈, 2013).

원래 한계상태설계법은 유럽의 구조공학자들에 의해 연구되어 1964년에 유럽 콘크리트위원회(European Concrete Committee)가 추천한 설계법으로, 1970년 초에 영국의 설계기준 BS8110에 처음 채택된 것이다. 이를 '전통적 개념의 한계상태설계법'이라고 할 수 있는데, 구조물이 보유하고 있는 궁극적인 파괴거동을 설계에 반영하는 설계법이다. 예를 들어, 연속보와 같은 부정정구조물은 최대 휨모멘트가 작용하는 위치의 단면이 충분한 소성변형능력(plastic deformation capacity, 연성)을 보유하고 있으면, 그 위치에 작용하는 휨모멘트가 단면의 공칭휨강도에 도달하더라도 구조물이 파괴되지 않고 더 큰 하중을 견딜 수 있다. 철근콘크리트 단면의 소성변형능력이란 인장철근이 항복한 후 콘크리트가 파괴될 때까지 휨강도를 유지하면서 보이는 회전 변형능력을 의미한다. 지점의 단면이 충분한 소성변형능력을 가지고 있는 연속보는 그 단면의 인장철근이 항복한 후 단면이 소성힌지로 작용하여, 부정정구조인 연속보가 단순보의 연속인 정정구조로 구조계(structural system)가 변화하고, 그 단순보의 중앙부 정모멘트로 인하여 단면의 파괴가 발생할 때까지 하중을 더 지지할 수 있게 된다. 전통적 개념의 한계상태설계법은 이러한 구조물의 파괴상태를 대상으로 설계하는 것이다.

이것이 강도설계법과의 차이로서, 강도설계법은 최대 부모멘트 또는 최대 정모멘트가 작용하는 단면들 중 어느 하나라도 공칭강도에 도달하면 그 하중을 파괴하중으로 간주하는데 비해서, 전통적 개념의 한계상태설계법은 구조시스템이 궁극적으로 붕괴되는 상태의 하중을 파괴하중으로 간주하는 차이점이 있다. 즉 강도설계법에서의 극한상태는 단면의 파괴를 의미하지만, 전통적 개념의 한계상태설계법에서는 구조 시스템의 파괴를 의미한다고 할 수 있다.

한편, ACI 318 Code는 초창기에 강도설계법의 개념에 충실하게 강도만을 중심으로 설계하도록 하였다. 그러나 강도설계법의 채택으로 단면이 감소한 설계결과로서 사용하중상태에서 균열과 처짐이 과도하게 발생하는 경우가 종종 있었다. 따라서 설계에서 기준이 되는 하중상태를 계수하중뿐만 아니라 사용하중에도 동등한 중요성을 부여하게 되었고 두 단계 하중에 대한 설계를 하도록 규정하게 되었다. 물론 이러한 두 단계 하중에 대한 설계는 전통적 개념의 한계상태설계법에도 동일하게 적용되는 것인데, 미국의 구조공학자들에 의해서 구조물의 기능 또는 안전성을 지배하는 어떤 특별한 상태를 한계상태(limit state)라고 정의하고 이에 대한 성능을 검토하는 개념이 제시되었다. 즉, 한계상태는 구조물 또는 부재가 그 사용 목적의 요구조건들을 만족하지 못하는 상태를 말하는 것으로, 구조물이 한계상태를 넘으면 사용 목적에 적합하지 않게 된다는 개념이다. 물론 이러한 개념은 한계상태라는 용어를 명시적으로 규정하지 않은 채 ACI 318 Code에서 적용해 오던 것이었지만, 1986년 미국의 강구조설계기준인 AISC-LRFD 초판이 발행되면서 명시적으로 한계상태라는 용어를 사용하였으므로, 미국에서는 이를 한계상태설계법이라고 부르기도 한다. 이러한 개념을 한계상태설계법(limit state design)이라는 동일한 용어로 부르는 경우, 전통적 개념의 한계상태설계법과 혼동되는 것이다.

이 실무지침에서 사용하는 용어 '한계상태설계법'은 이 절에서 설명한 유럽형의 '전통적 개념의 한계상태설계법'을 의미함을 밝혀둔다.

제 2 장

콘크리트 압축응력분포 특성

2.1 콘크리트 압축응력분포 특성계수

철근콘크리트 부재의 휨강도 설계에 있어서 최외측 연단 콘크리트의 변형률이 극한 변형률에 도달할 때 콘크리트의 압축응력분포는 매우 중요하다. 휨재하 전 평면인 단면은 재하 후에도 평면을 유지한다는 베르누이의 가설에 의해 단면의 깊이 방향 변형률분포는 선형으로 가정할 수 있고 그림 2.1(a)와 같이 나타낼 수 있다. 따라서 콘크리트의 압축응력분포는 콘크리트의 일축 응력-변형률 곡선으로부터 얻을 수 있고 그림 2.1(b)와 같다.

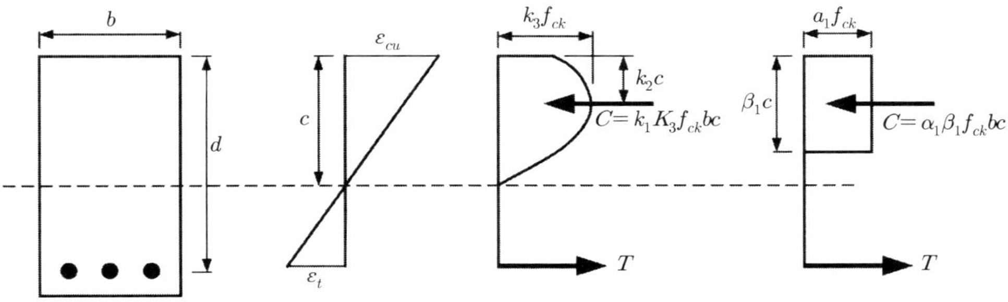

(a) 변형률 분포 (b) 실제 응력분포 (c) 직사각형 응력블록

그림 2.1 **콘크리트의 압축응력분포 계수**

그림 2.1(b)로부터 확인할 수 있듯이 콘크리트의 실제 압축응력분포는 비선형으로 변화하고 이를 정의하기 위해 세 개의 계수 k_1, k_2, k_3를 사용한 많은 연구가 진행되어 왔다. 철근콘크리트 휨부재의 콘크리트 압축응력분포와 관련하여 상당수 연구자들은 C형 압축시편을 이용한 실험 방법(일명 Dog bone test)을 개발하여 극한상태에서의 콘크리트 압축응력분포 특성계수를 정의하였다(Hognestad 등, 1955; Soliman and Yu, 1967; Kaar 등, 1978; Ibrahim and MacGregor, 1997; Attard and Stewart, 1998; Bae and Bayrak, 2003). 세 개의 압축응력분포 특성계수에 대한 정의는 다음 식 (2.1)~(2.3)과 같다.

$$k_1 = \frac{\text{평균 압축응력}}{\text{최대 압축응력}} \tag{2.1}$$

$$k_2 = \frac{\text{콘크리트 압축연단에서 압축력 }C\text{까지 거리}}{\text{콘크리트 압축연단에서 중립축까지 거리}} \tag{2.2}$$

$$k_3 = \frac{\text{부재에서의 최대 압축응력 또는 부재의 최대 휨응력}}{\text{공시체의 압축강도}} \tag{2.3}$$

그림 2.1(b)와 같이 비선형분포를 가지는 콘크리트의 실제 압축응력분포를 이용하여 철근콘크리트 부재의 휨강도를 계산하는 것은 설계 실무 차원에서 쉽지 않다. 따라서 설계 실무의 편의성을 위해 콘크리트의 실제 비선형 압축응력분포는 압축응력분포와 같은 면적 그리고 같은 도심을 갖는 등가의 직사각형 응력블록으로 대체하는 방법이 고안되었다. 등가직사각형 응력블록은 철근콘크리트 부재의 국내외 주요 설계기준(ACI 318, 2011; 콘크리트구조기준, 2012 등)에서 채택되었으며, k_1, k_2, k_3를 사용하여 조합한 새로운 변수 α_1과 β_1에 의해 표현할 수 있고 다음 식과 같이 정의한다.

$$k_1 k_3 = \alpha_1 \beta_1 \tag{2.4}$$

$$k_2 = 0.5 \beta_1 \tag{2.5}$$

여기서, α_1은 콘크리트 공시체 압축응력에 대한 휨에 의해 유발되는 등가의 콘크리트 압축응력의 비를 나타내고, β_1은 단면의 중립축 깊이에 대한 등가직사각형 응력블록의 높이의 비를 나타낸다.

따라서 그림 2.1에 나타낸 단면의 휨강도는 식 (2.6)~(2.8)과 같이 계산할 수 있다.

$$T = A_s f_y = C = k_1 k_3 f_{ck} bc = \alpha_1 \beta_1 f_{ck} bc \tag{2.6}$$

$$M_n = k_1 k_3 f_{ck} bc(d - k_2 c) = \alpha_1 \beta_1 f_{ck} bc\left(d - \frac{\beta_1 c}{2}\right) \tag{2.7}$$

$$M_n = A_s f_y\left(d - \frac{k_2}{k_1 k_3}\frac{A_s f_y}{f_{ck} b}\right) = A_s f_y\left(d - \frac{A_s f_y}{2\alpha_1 f_{ck} b}\right) \tag{2.8}$$

2.2 콘크리트 압축응력분포 실험 방법

토목·건축 분야에서 재료의 강도와 관련한 연구는 매우 중요하고 특히 콘크리트 또는 철근콘크리트의 경우는 더욱 그렇다. 19세기 후반부터 20세기 초에 수행된 철근콘크리트에 대한 설계 절차의 정립은 실험으로부터 얻어진 극한상태의 하중저항능력과 비교하여 검증하는 것이었다. 당시, 콘크리트 압축응력분포 연구를 위해 원주형 또는 입방형 공시체에 대한 압축강도 시험이 일반적이었지만, 공시체 압축강도 시험에서 얻은 응력-변형률분포를 휨부재에 단순 적용하는 것은 논리적으로 적합하지 않았다.

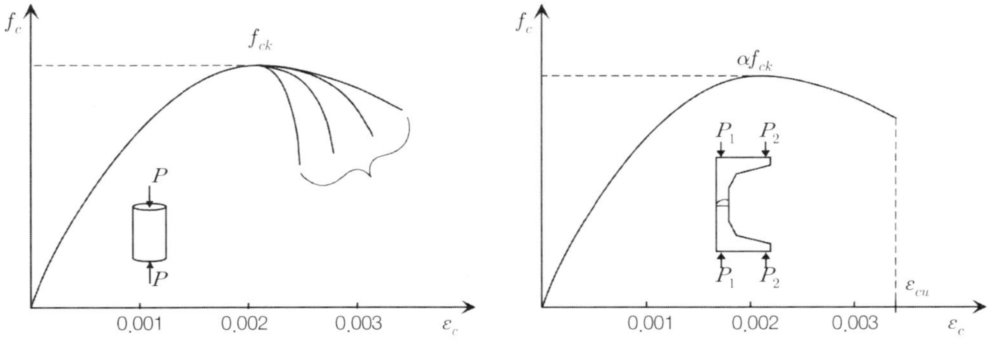

(a) 원주 공시체 압축강도 시험에 의한 분포 (b) 편심 압축강도 실험에 의한 분포

그림 2.2 **콘크리트 압축응력-변형률분포**

공시체 압축강도 시험에서는 공시체의 모든 단면이 순수 압축상태로서 최대 응력(f_{ck})에 도달하는 동시에 파괴되기 때문에 공시체 압축강도 시험으로부터 얻은 응력-변형률분포는 그림 2.2(a)와 같이 최대 응력 이전까지는 의미가 있지만 최대 응력 이후에는 사용하는 압축강도 시험기의 강성 및 하중재하 속도 등 시험조건에 따라 편차가 매우 큰 결과를 보이기 때문에 휨거동에 적용할 응력분포와 극한변형률을 알 수가 없다. 휨부재는 압축응력을 받는 부분의 변형률이 중립축에서는 0이고 압축연단으로 갈수록 증가하는 변형률분포를 보이기 때문에 편심 압축강도 실험을 수행할 경우, 그림 2.2(b)와 같이 최대 응력이 공시체 압축강도 시험으로부터 얻은 최대 응력과 다른 값(αf_{ck})을 갖게 되며, 극한변형률 값도 다르고 압축응력 분포도 다른 것이 일반적이다. 따라서 휨부재와 휨압축부재에 적용할 콘크리트의 응력-변형률 곡선을 얻기 위한 실험 방법의 개발이 필요하였고, 이에 따라 C형 압축시편을 이용한 콘크리트 압축응력분포 실험이 Hognestad 등(1955)에 의해 개발되어 콘크리트의 응력-변형률 관계와 압축응력분포에 관한 연구를 수행하였다. C형 압축시편에 대한 실험은 그림 2.3과 같이 실험체에 주하중(P_1)을 재하하면서 실험체 중립축으로 설정한 최외측 면에 압축변형률이 발생하지 않도록 보조하중(P_2)을 추가적으로 재하하여 휨압축부재의 압축부만을 모사하는 실험으로 콘크리트의 압축응력분포 계수와 극한변형률을 얻는 것이 주 목적이다.

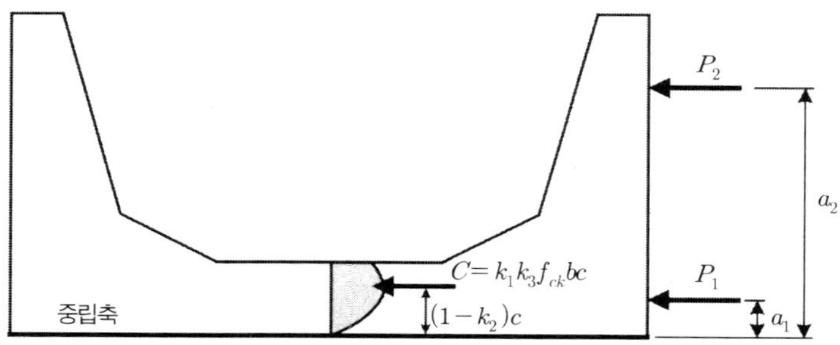

그림 2.3 **C형 압축시편**

C형 압축시편을 이용한 콘크리트 압축응력분포 실험에서 얻는 주하중(P_1)과 보조하중(P_2)을 통해 식 (2.4) 및 (2.5)와 같은 콘크리트 압축응력분포계수 $k_1 k_3$, k_2를 얻

을 수 있다. 압축력의 크기와 관련된 계수인 k_1k_3와 압축력의 작용 위치와 관련된 k_2는 외력과 모멘트의 평형을 적용한 식 (2.9)와 (2.10)을 이용하여 구할 수 있다. 여기서 편심 a_1은 중립축에서 주하중까지 거리이고 a_2는 중립축에서 보조하중까지 거리이다. 콘크리트 극한변형률은 실험체 중립축으로 설정한 최외측 면에 콘크리트 변형률 게이지를 부착하여 얻을 수 있다.

$$k_1k_3 = \frac{P_1 + P_2}{f_{ck}bc} \tag{2.9}$$

$$k_2 = 1 - \frac{P_1a_1 + P_2a_2}{(P_1 + P_2)c} \tag{2.10}$$

2.3 콘크리트 압축응력분포 관련 연구

휨을 받는 철근콘크리트 부재에 대한 최초의 합리적인 이론은 Koenen(1886)의 휨을 받는 철근콘크리트 슬래브에 대한 연구이고, 이후 많은 연구가 진행되어 왔다. 하중재하 전에 평면인 단면은 하중재하 후에도 평면을 유지한다는 베르누이의 가설과 훅의 법칙에 기본을 둔 Navier의 휨 이론이 1890년대에 널리 알려졌고, 이를 바탕으로 하여 1894년에 제안된 Coignet and Tédesco(1894) 이론은 합리적이고 일반적인 이론으로 받아들여졌다. 이 연구결과는 정확도와 함께 계산 절차의 간편성으로 인해 당대의 많은 연구자들로부터 설계에 적용하기에 충분한 것으로 인정받았다. 따라서 이 연구결과는 20세기 초에 이른바 “표준이론”으로 정립되어 철근콘크리트 설계의 급속한 발전과 건설재료로서의 확산에 큰 이바지를 하였고, 이후 20여 년 이상 이론의 적용 범위를 넘어서까지 폭넓게 사용되었다.

하지만 1920년대 이후, 많은 연구자들 사이에서 철근콘크리트 구조물의 안전 및 경제적인 설계에 “표준이론” 즉, 탄성이론이 만족스러운 결과를 나타내지 않는다는 연구결과를 제시하였고, 이를 극복하기 위해서는 극한하중 상태에서 콘크리트의 소성특성을 고려해야 한다고 제안하였다. 이에 따라 20세기 중반까지 대부분의 연구는 콘크리트의 압축응력분포와 크기, 콘크리트의 극한압축변형률 및 인장응력, 변형률의 선형분포와 관련한 베르누이 가설, 철근의 응력-변형률 관계식 및 철근과 콘크리트의 완전부착과 관련하여 수행되었다. 이들 연구의 대부분은 베르누이 가설과 함께, 콘크리트는 인장에 저항하지 않으며 철근과 콘크리트 사이는 완전부착으로 가정하여 수행하였다.

20세기 초반 당시의 이론 연구에서는 축력을 동반하는 경우와 동반하지 않는 경우 휨을 받는 철근콘크리트 부재의 파괴모드를 아래와 같이 크게 다섯 가지로 구분하였다. 하지만 20세기 초반의 이론 연구들은 철근의 변형률 경화를 무시하여 압축과 인장항복만을 설계에서 고려하였다. 또한 콘크리트에 인장균열 발생 직후, 인장철근의 파단에 의한 취성파괴도 낮은 철근비를 갖는 부재에서만 발생한다고 가정하여 설계에서 부수적인 문제로 다루었다.

(a) 압축파괴 : 인장철근의 항복 전 압축콘크리트의 큰 압축변형률에 의한 파괴

(b) 인장항복파괴 : 인장철근의 항복으로부터 유발되는 파괴

(c) 균형파괴 : 압축파괴와 인장항복파괴가 동시에 발생하는 파괴

(d) 인장철근의 항복 후에 발생하는 콘크리트 압축파괴

(e) 콘크리트에 인장균열 발생 직후 인장철근의 파단에 의한 취성파괴

휨을 받는 철근콘크리트와 관련한 모든 비탄성 이론들은 일축응력 상태로 제한적이었고, 따라서 두 개의 평형식과 변형률 관계식을 포함하는 하나의 적합식만 휨 해석에 사용되었다. 세 개의 식들은 철근콘크리트 부재의 압축파괴와 항복 연구에 사용되었고, 특히 적합식은 압축파괴 때의 인장철근응력과 부재 항복 때의 콘크리트 응력을 결정하는 데 사용되었다. 인장항복파괴의 경우, 인장철근의 응력은 항복 때의 응력으로 가정하였고 콘크리트의 응력블록은 콘크리트파괴 때로 가정하여 적합식을 사용할 필요가 없었으며, 콘크리트의 극한변형률, 베르누이의 가설 및 완전부착에 대해 가정할 필요가 없었다. 20세기 초부터 중반까지 연구되어 온 휨을 받는 철근콘크리트 부재에 사용된 주요 콘크리트 응력블록을 Hognestad(1951)의 보고서를 토대로 하여 그림 2.4에 나타냈고, 이들 각 응력분포에 대한 개략 설명은 Hognestad의 보고서 내용을 기본으로 다음과 같이 요약하였다.

Suenson(1912)

그림 2.4(a)에 나타나 있는 등가직사각형 응력블록은 Suenson에 의해 처음으로 사용된 것으로 전해진다. Suenson이 제안한 해석 방법은 사각형 보와 슬래브의 인장파괴 경우에만 적용할 수 있어 적합식은 필요하지 않다. 슬래브의 철근 설계를 위해 제안된 수식 및 절차는 식 (2.11)~(2.13)에 나타나 있다.

$$f_c''ab = A_s f_s \tag{2.11}$$

식 (2.11)의 힘의 평형식으로부터 다음 식 (2.12)와 같이 모멘트 평형식을 얻을 수 있다.

$$M = A_s f_s\left(d - \frac{a}{2}\right) \tag{2.12-1}$$

$$\frac{a}{d} = 1 - \sqrt{1 - \frac{2M}{bd^2 f_c''}} \tag{2.12-2}$$

$$f_s = \frac{M}{A_s z} \tag{2.12-3}$$

식 (2.12)는 다음 식 (2.13)과 같이 널리 알려진 일반적인 형태로 나타낼 수 있다.

$$\frac{M}{bd^2} = pf_s\left(1 - \frac{1}{2}p\frac{f_s}{f_c''}\right) \tag{2.13}$$

여기서 b는 단면의 폭, 철근비 $p = A_s/(bd)$, f_s는 항복응력, 그리고 f_c''는 휨압축응력을 나타내며 Suenson은 입방형 공시체의 강도 f_{cu}'로 정의하였다.

Mensch(1914)

Mensch의 이론은 압축철근의 유무와 관계없이 사각형 보의 인장 및 압축파괴에 대해 적용할 수 있다. Mensch는 당시 건물에 대한 설계기준의 불합리성을 제안하였고, "표준이론"의 가정에 의한 설계규정들은 극한상태까지 하중을 재하하여 얻은 실험결과와 부합되지 않는다는 것을 지적하였다. Mensch는 적합식을 포함하지 않고 극한모멘트를 구하는 식을 제안하였고, 극한변형률, 베르누이의 가설 및 완전부착과 관련한 어떤 가정도 사용하지 않았다. 인장파괴의 경우 그림 2.4(b)와 같이 2차 포물선 응력블록을 가정한 반면에, 압축파괴의 경우에는 중립축이 인장철근의 중심에 위치한다는 제한적인 조건을 가정하였다. 따라서 휨강도는 식 (2.14)와 같이 제안하였고, 추후 Mensch는 제한적인 조건을 가정한 식 (2.14)를 균형철근비를 고려하여 식 (2.15)와 같이 다시 제안하였다.

$$\frac{M}{bd^2} = \frac{1}{2.4} f_c' \tag{2.14}$$

$$\frac{M}{bd^2} = \frac{1}{2.6} f_c' \tag{2.15}$$

Dyson(1922)

Dyson이 제안한 이론은 Mensch(1914)의 이론과 마찬가지로 적합식을 포함하지 않는다. Dyson은 그림 2.4(c)와 같이 타원형 응력블록을 제안하였다. 인장파괴의 경우, 휨모멘트를 구하는 절차는 앞의 두 연구자의 절차와 비슷한 반면에, 압축파괴의 경우에는 압축철근의 효과를 반영하여 다음 식 (2.16)과 같이 제안하였다.

$$\frac{M}{bd^2} = \frac{1}{2.21} f_c'' \tag{2.16}$$

Stüssi(1932)

Stüssi가 제안한 이론은 인장철근을 갖는 사각형 보에만 적용할 수 있다. 압축과 인장파괴에 대해 수학적 해석 방법을 제안하였으며, 철근의 변형경화와 취성파괴를 낮은 철근비와 연관시켜 분석하였다. 사각형 보의 극한모멘트를 구하기 위한 Stüssi의 이론과 절차는 일반적인 형태로 제안되어, 이후 다른 연구자들에 의해 제안된 이론들은 Stüssi의 이론을 기본으로 발전시킨 형태로 이를 Stüssi 형태의 극한이론으로 명명할 수 있다. Stüssi는 콘크리트의 응력블록을 임의 형태로 가정하였고, 사각형 단면에 대해서는 콘크리트의 응력블록을 상수 k_1, k_2, 휨압축응력 f_c'' 및 휨극한변형률 ε_u로 특성화된 형태로 가정을 하였다. 콘크리트의 응력블록을 정의하는 이들 네 개의 변수 값은 Stüssi 형태의 극한이론을 고도화하고 발전시킨 연구자들에 의해 각각 다르게 유도되었고, 이들 네 개의 변수값을 결정하기 위해서 다음 중 하나 또는 두 개의 혼합 방법을 사용하였다.

(a) 휨을 받는 보의 실험

(b) 중심축 압축을 받는 콘크리트의 실험

(c) 휨을 받는 콘크리트 응력-변형률 관계 연구

Stüssi는 위의 변수값을 결정하기 위해, 중심축 압축을 받는 부재로부터 결정된 응력-변형률 관계를 사용하여, $k_1 = 0.70 \sim 0.77$, $k_2 = 0.39 \sim 0.41$, 그리고 $\varepsilon_u = 0.002 \sim 0.0025$를 제안하였다. 세 변수의 값들이 비교적 작게 제안된 근본적인 이유로, Stüssi는 부재의 극한하중 상태에 대응하는 변형률보다 더 큰 변형률이 휨을 받는 부재에서 발생할 수 있다는 것을 간과하였기 때문이다. 한편, 휨압축응력 f_c''는 부재의 압축강도 f_c'로 가정하였고, 힘 및 모멘트의 평형식은 각각 식 (2.17) 및 식 (2.18)과 같다.

$$A_s f_s = k_1 b c f_c' \tag{2.17}$$

$$M = k_1 b c f_c' (d - k_2 c) \tag{2.18}$$

인장파괴의 경우 인장철근의 응력 f_s는 항복응력 f_{yp}로 가정하였고, 따라서 극한모멘트는 식 (2.19)와 같이 나타낼 수 있다. 한편 식 (2.19)에서 k_2 / k_1 비는 0.55로 제안하였다.

$$\frac{M}{bd^2} = p f_{yp} \left(1 - \frac{k_2}{k_1} p \frac{f_{yp}}{f_c'}\right) \tag{2.19}$$

압축파괴의 경우 Stüssi는 변형률의 선형분포를 가정하여 식 (2.20)과 같은 적합식을 사용하였고, 식 (2.20)을 식 (2.17)에 대입하여 중립축 위치를 식 (2.21)과 같이 나타냈다.

$$f_s = E_s \varepsilon_s = E_s \varepsilon_s \frac{d - c}{c} \tag{2.20}$$

$$\frac{c}{d} = \sqrt{\frac{pm}{k_1} + \left(\frac{pm}{2k_1}\right)^2} - \frac{pm}{2k_1} \tag{2.21}$$

여기서, $m = E_s \varepsilon_u / f_c'$ 이고, 식 (2.21)을 식 (2.18)에 대입하면 극한모멘트를 구할 수 있다.

Schreyer(1933)

Schreyer 이론은 Stüssi 형태의 극한이론으로, 콘크리트 입방체의 압축시험으로 얻은 응력-변형률 관계를 분석하여 철근콘크리트 보에 대한 극한모멘트를 구하였다. 쌍곡선(hyperbola) 형태의 콘크리트 응력블록에 대한 응력-변형률 관계식은 다음 식 (2.22)와 같다. 극한변형률 ε_u는 0.0063으로 계산되었다.

$$\varepsilon_c = \frac{0.63\dfrac{f_c}{f_{cu}'}}{1.1 - \dfrac{f_c}{f_{cu}'}} \times 10^{-3} \tag{2.22}$$

극한변형률 ε_u는 콘크리트 강도와 무관하게 0.0063으로 제안되었고, Schreyer에 제안된 극한모멘트 계산 절차는 식 (2.17)~(2.21)을 사용하면 유도할 수 있다.

Steuermann(1933)

1932년 러시아 설계기준에 반영된 Steuermann의 이론은 인장파괴의 경우, 보와 슬래브에서는 콘크리트가 인장을 다소 부담하는 것으로 가정한 반면에 T형 보에서는 콘크리트가 인장을 부담하지 못하는 것으로 가정하였다. 콘크리트 인장응력 f_{ct}는 콘크리트의 인장강도가 아닌 $0.1f_{cu}'$로 가정하였다. 압축파괴의 경우, 포물선 응력블록과 함께 중립축 깊이는 콘크리트 상연으로부터 $3d/4$로 가정하였다. 포물선 응력블록은 다시 등가의 삼각형 응력블록으로 치환하여 다음 식 (2.23)과 같이 극한모멘트를 구할 수 있다.

$$\frac{M}{bd^2} = \frac{1}{3} f_{cu}' \tag{2.23}$$

Kazinczy(1933)

Kazinczy 이론은 직사각형 응력블록을 사용하여 인장파괴되는 사각형 보의 극한모멘트를 구할 수 있다. 콘크리트의 극한응력 f_c''는 보의 강도 f_c'로 가정하였고, 철근의 응력 f_s는 항복응력 f_{yp}로 가정하여 식 (2.24)와 같이 극한모멘트 식을 유도하였다.

$$\frac{M}{bd^2} = pf_{yp}\left(1 - \frac{1}{2}p\frac{f_{yp}}{f_c'}\right) \tag{2.24}$$

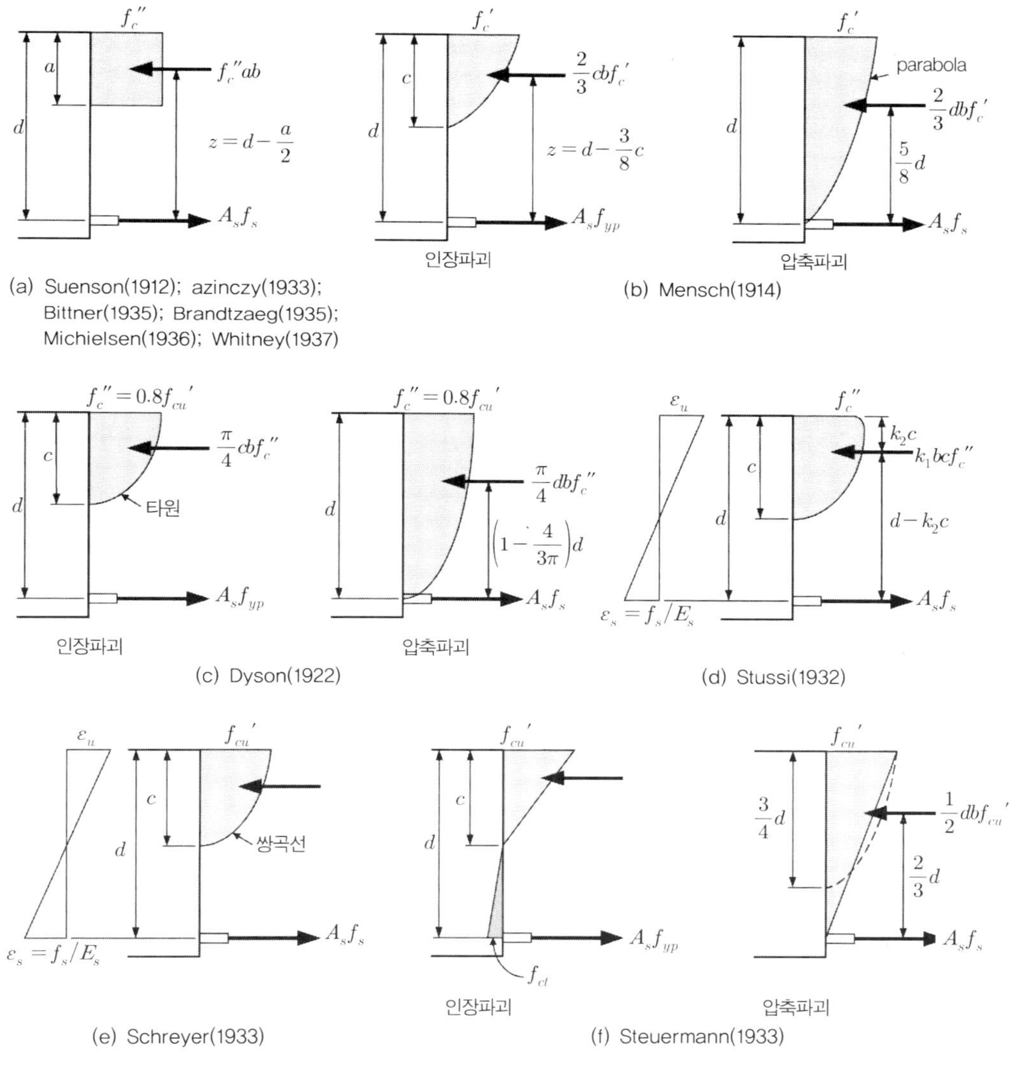

그림 2.4 **콘크리트 응력분포(Hognestad, 1951)**

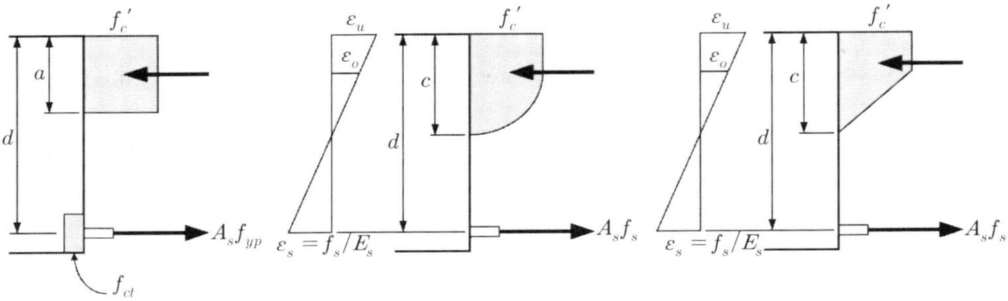

(g) Gebauer(1934) (h) Baumann(1934); Brandtzaeg(1935); Bittner(1935); Chambaud(1949) (i) Melan(1936); Jensen(1943)

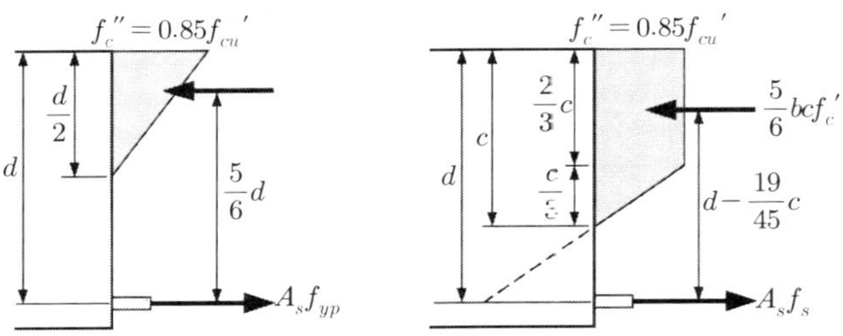

인장파괴 압축파괴

(j) Emperger(1936)

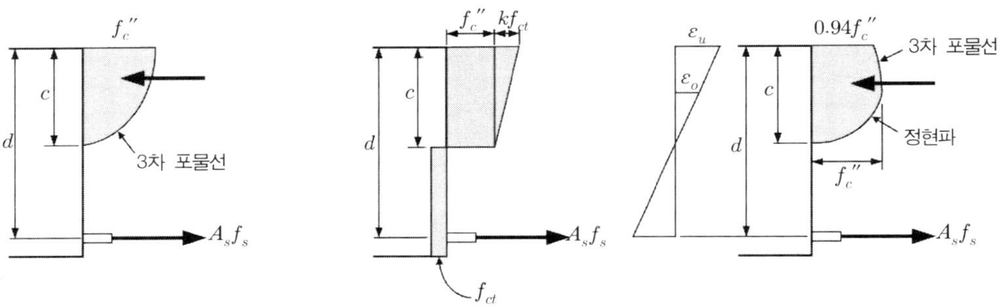

(k) Russian Specifications(1938) (l) Guerrin(1941) (m) Chambaud(1949)

그림 2.4 **콘크리트 응력분포(Hognestad, 1951) (계속)**

Gebauer(1934)

Gebauer 이론은 직사각형 응력블록을 사용하였으며, 철근 주변 콘크리트의 건조수축에 의한 콘크리트의 인장응력을 고려하여 인장파괴하는 사각형 보의 극한모멘트를 구하였다.

Baumann(1934)

Baumann은 중심 및 편심 축하중을 받는 철근콘크리트 기둥의 좌굴에 대한 연구를 수행하였고, 이를 위해 철근콘크리트 기둥 부재에 대한 모멘트와 극한 상태의 회전 사이 관계에 대한 분석을 수행하여 그림 2.4(h)에서와 같은 응력블록을 가정하였다. 휨을 받는 콘크리트의 응력-변형률 곡선은 최대 휨압축응력 f_c''이 변형률 ε_0에 도달할 때까지 중심 축압축을 받는 부재의 실험결과를 따른다고 가정하였고, 이 결과 포물선 응력분포가 실험결과에 가장 부합하는 것으로 제안하였다. Baumann은 편심하중을 받는 기둥의 실험으로부터, 휨을 받는 콘크리트의 극한변형률 ε_u가 중심 축압축을 받는 콘크리트의 변형률 ε_0보다 크다는 것을 확인하였다. Baumann은 또한 콘크리트 압축강도 24MPa에 대해, ε_0는 0.0018 그리고 ε_u는 0.0025~0.0033으로 제안하였다.

Bittner(1935)

Bittner의 비탄성 이론은 Stüssi 형태의 극한이론 중 하나로 그림 2.4(h)와 같은 응력분포를 제안하였으며, 콘크리트 강도와 관계없이 콘크리트 변형률 ε_0를 0.0015로 가정하였다. 즉, 콘크리트 변형률 ε_0는 탄성계수의 함수가 아닌 것으로 가정하였고, 압축파괴의 해석에서[식 (2.17), (2.18), (2.20) 및 (2.21)] ε_u를 0.003, 0.005 그리고 0.007로 가정하여 수행하였지만 특별한 ε_u값을 제안하지는 않았다. 인장파괴의 경우, 콘크리트의 극한압축응력으로 f_c'을 갖는 직사각형 응력블록을 사용하여 식 (2.24)와 같은 식으로 극한모멘트를 구하였다.

Brandltzaeg(1935)

Brandltzaeg는 압축철근의 유무에 관계없이 휨 및 휨-압축을 받는 사각형 단면의 극한성능에 대한 해석을 정립한 연구를 수행하였다. 보의 압축파괴의 경우에는 Stüssi 형태의 극한이론과 동일하다. 또한 그림 2.4(h)에 나타낸 응력블록 변수값 정의를 위해서 휨을 받는 콘크리트의 극한변형률 ε_u와 콘크리트 압축강도 사이의 관계를 실험적으로 분석한 후, Baumann(1934)에 의해 제시된 응력블록을 고도화 하여 식 (2.25)를 제안하였으며, 식 (2.25)에서 $f_c' = 0.85 f_{cu}'$ 를 대입할 수 있다.

$$\varepsilon_u = \left(6.88 - 0.77\frac{f_c'}{1000}\right) \times 10^{-3} \tag{2.25}$$

Brandltzaeg는 또한 ε_0의 값을 콘크리트 강도의 함수로 결정하고, 소성구간에서의 일정한 응력 f_c''를 콘크리트 부재의 강도 f_c'와 같게 선택한 후, 소성비 $\eta = \varepsilon_u / \varepsilon_0$를 콘크리트 강도의 함수로 도입하고 k_1과 k_2를 소성비의 함수로 나타내어 식 (2.17), (2.18), (2.20), 그리고 (2.21)을 유도하였다. 식 (2.17)과 식 (2.18)은 또한 압축철근을 고려한 경우와 휨-압축을 받는 경우로 확장되었다.

한편, 인장파괴의 경우에는 사각형 응력블록에 기초한 Suenson(1912)에 의해 제안된 수식을 확장하여 간편식을 유도하였고, 보의 인장파괴의 경우 극한모멘트를 구하는 식을 식 (2.24)와 같이 제안하였다.

Emperger(1936)

Emperger는 그림 2.4(j)에 나타낸 응력블록을 제안하여 철근콘크리트 보에 대한 극한해석을 수행하였다. 하지만 인장파괴에 대한 가정은 정역학적인 평형을 만족하지 못했다.

Saliger(1936)

Saliger의 연구에서는 앞서 기술된 다섯 가지 파괴모드를 모두 고려하였다. 극한모멘트를 구하는 과정은 Stüssi 형태의 극한이론 방법과 동일하다. 하지만 $k_2 = 1/2k_1$을 가정하였는데, 이는 곡선형태의 응력블록을 응력분포 깊이 k_1c를 갖는 직사각형 응력블록으로 대체하는 것과 같다. Saliger는 또한 f_c''를 f_c'로 가정하여 식 (2.24)를 유도하였다. 따라서 휨을 받는 콘크리트의 응력-변형률과 관련된 가정 없이, 보 실험에서 중립축의 위치를 관찰하여 k_1의 위치를 결정할 수 있고 이 값을 0.90~0.94로 제안하였다. 보의 압축파괴의 경우, Saliger는 휨을 받는 콘크리트의 극한변형률 ε_u가 0.003~0.007 사이라는 것을 강조하였고 ε_u와 f_c'의 관계식을 다음과 같이 제안하였다.

$$\varepsilon_u = 1.75 f_c' \times 10^{-6} \tag{2.26}$$

여기서 f_c'의 단위는 psi이다.

Whitney(1937)

Whitney의 이론은 극한변형률, 베르누이의 가설 및 완전부착과 관련하여 어떤 가정도 하지 않았기 때문에 압축파괴의 경우 Stüssi 형태의 극한이론과 차별성을 갖는다. 보의 인장파괴의 경우 $f_c'' = 0.85 f_c'$를 갖는 직사각형 응력블록으로 해석하였으며 다음 식 (2.27)을 제안하였고, 식 (2.27)은 식 (2.11)에서 f_s에 f_{yp} 그리고 f_c''에 $0.85 f_c'$를 대입한 경우와 동일하다.

$$\frac{M}{bd^2} = p f_{yp}\left(1 - \frac{1}{2} p \frac{f_{yp}}{0.85 f_c'}\right) \tag{2.27}$$

보의 압축파괴의 경우, 적합식은 사용하지 않고 실험으로부터 제안된 $a/d = 0.537$을 사용하여 다음 식 (2.28)과 같이 극한모멘트를 구하였다.

$$\frac{M}{bd^2} = \frac{1}{3} f_c' \tag{2.28}$$

식 (2.28)은 완전히 다른 가정으로부터 Steuermann(1933)에 의해 유도된 식 (2.23)과 매우 유사함을 알 수 있다. 한편, 압축철근을 갖는 보의 경우에는, 압축철근의 항복응력에 보의 모멘트 팔 길이를 곱한 값을 식 (2.28)의 우측 항에 더하여 극한모멘트를 구하였다.

USSR Specifications OST 90003(1938)

USSR Specifications은 극한상태 설계 절차에 기본을 두고 있다. 콘크리트 응력블록은 3차 포물선으로 가정하였고, 사각형 보의 인장파괴 및 압축파괴에 대한 극한모멘트는 각각 식 (2.29) 및 식 (2.30)과 같이 구할 수 있다.

$$\frac{M}{bd^2} = p f_{yp}\left(1 - \frac{p f_{yp}}{1.89 f_c''}\right) \tag{2.29}$$

$$\frac{M}{bd^2} = 0.4 f_c'' \tag{2.30}$$

식 (2.29)와 식 (2.30)에서 f_c''는 200mm 입방형 공시체의 극한강도에 대한 비를 나타내고 0.8~1.0 범위의 값을 갖는다.

Cox(1941)

Cox는 110개의 사각형 보에 대한 실험을 수행한 후, $f_c'' = f_c'$로 하는 직사각형 응력블록을 사용하여 압축철근의 유무와 관계없이 인장 및 압축파괴에 대한 극한모멘트 식을 제안하였다. 인장파괴의 경우 극한모멘트를 구하는 식을 식 (2.22)와 같이 제안하였고, 압축파괴의 경우 다음 식 (2.31)과 같이 제안하였다.

$$\frac{M}{bd^2} = \frac{1}{2.76} f_c' \tag{2.31}$$

식 (2.31)은 Mensch(1914)가 제안한 1/2.6과 Whitney(1937)가 제안한 1/3 사이의 값을 나타내는 것을 알 수 있다.

Jensen(1943)

Jensen(1943)은 인장철근만을 갖는 사각형 보에 대한 이론을 정립하였다. Jensen의 이론은 Stüssi 형태의 극한이론으로 최대응력 $f_c'' = f_c'$ 인 사다리꼴 콘크리트 응력블록을 가정하였으며, 사다리꼴 응력블록은 원형공시체 강도와 관련이 있고 극한모멘트를 구하는 식은 식 (2.32)를 고려하여 식 (2.33)과 같이 제안하였다. 식 (2.32)에서 β는 소성비를 나타내고, 식 (2.33)에서 N은 β만의 함수로 구성된다.

$$\varepsilon_0 = \frac{f_c'}{E_c} \tag{2.32-1}$$

$$E_c = \frac{30,000,000}{5 + \dfrac{10,000}{f_c'}} \tag{2.32-2}$$

$$\varepsilon_u (1 - \beta) = \varepsilon_0 \tag{2.32-3}$$

$$\beta = \frac{1}{1 + \left(\dfrac{f_c'}{4000}\right)^2} \tag{2.32-4}$$

$$\frac{M}{bd^2} = pf_s\left(1 - \frac{1}{N}\frac{pf_s}{f_c'}\right) \tag{2.33}$$

이후 Jensen은 N값을 2로 단순화하였는데, $N=2$에 대응하는 Stüssi의 상수 k_1과 k_2가 $k_2 = 1/2k_1$ 의 관계를 갖기 때문에 Jensen의 $N=2$ 단순화는 k_1c 깊이를 갖는 사각형 응력블록을 사용하는 효과와 같다. 그리하여 인장파괴의 경우 Jensen의 식은 식(2.24)와 같다. 한편, 압축파괴의 경우에는 적합식과 함께 인장철근의 변형경화를 고려한 사다리꼴 형태의 철근 응력-변형률 관계를 사용하였다.

Chambaud(1949)

Chambaud는 인장철근만을 갖는 철근콘크리트 사각형 보에 대해 Stüssi 형태의 극한 이론 연구를 수행하였고, 콘크리트의 극한 압축변형률을 0.0036으로 제안한 후 실험을 통해 제안한 극한 압축변형률 값의 타당성을 검증하였다. Chambaud가 제안한 콘크리트 응력블록은 Baumann(1934), Bittner(1935) 그리고 Brandtzaeg(1935)가 제안한 응력블록과 매우 유사한 반면에, 콘크리트의 초기탄성계수 E_c는 140mm 입방형 공시체의 실험으로부터 결정되었고, 휨 최대 압축응력 f_c''는 입방형 공시체의 압축강도로 가정하였다.

ACI 318-11(2011) 및 콘크리트구조기준(2012)에서 채택하고 있는 등가직사각형 응력블록의 변수들은 Mattock et al.(1961)에 의해 발표된, 콘크리트 압축강도가 55MPa 이하인 편심하중을 받는 무근 콘크리트 압축부재의 실험결과에 기본을 두고 있고, 그 결과물은 위에서 기술된 Whitney(1937)와 Hognestad et al.(1955)의 실험 연구결과에 영향을 받았다. 하지만 20세기 후반에 고강도 콘크리트에 대한 관심이 대두되기 시작하였고, 대표적인 일례로 Nedderman(1973)은 편심하중을 받는 80~100MPa의 높은 압축강도를 갖는 무근 콘크리트 압축부재에 대한 실험을 수행하였다. 이 연구에서 Nedderman은 55MPa을 초과하는 콘크리트 압축강도를 갖는 단면에 대해 β_1의 하한값 0.65를 제안하였고, 이 제안사항은 ACI 318-77에 규정으로 제정되었다. 이후에도 많은 연구자(Ibrahim and MacGregor, 1997; Kaar 등, 1978; Swartz 등, 1987; Schade 1992; Azizinamini 등, 1994; Wee 등, 1996; Attard and Stewart, 1998 등)들에 의해 고강도 콘크리트 부재의 설계를 위해 고강도 콘크리트의 응력-변형률 곡선 및 응력분포계수가 제안되었지만, 아직 설계기준에는 반영되지 않았다.

제 3 장 주요 설계기준의 콘크리트 압축응력분포 모델

3.1 설계법에 따른 압축응력분포 모델

ACI 318-56에서 처음 도입된 강도설계법은 구조물의 극한상태보다는 부재 단면의 극한상태에 기초를 둔 설계법으로, 단면에 대한 강도 해석의 정확성을 중요한 요소로 생각하여, 실제와 동일한 강도 해석 결과를 나타내는 분포를 가지면 충분하다는 개념에 기초를 둔 설계법이다. 따라서 실제에 가까운 응력-변형률 곡선을 사용하기보다는 변형률을 직접적으로 고려하지 않는 등가직사각형 압축응력분포를 실무에서 편의성을 위해 사용하였다.

한편, 유럽에서 개발된 한계상태설계법은 구조물의 극한상태에 기초를 둔 설계법으로 정정구조물에서는 단면의 극한상태가 구조물의 극한상태가 되어 강도설계법과 차이가 없지만, 연속보 등 부정정구조물에서는 한 단면이 극한상태에 도달하더라도 구조물 전체가 극한상태에 도달하지 않고 모멘트 재분배를 통하여 추가 하중을 저항한다는 개념을 기본으로 하고 있다. 모멘트 재분배에 따른 구조물의 극한상태 저항성능은 단면의 소성회전능력, 즉 연성능력에 따라 달라지므로 유럽의 한계상태설계법에서는 강도성능뿐만 아니라 변형성능도 중요한 요소로 고려된다. 따라서 휨부재의 콘크리트 압축응력분포에 있어서도 변형률을 반영하는 응력-변형률 곡선의 형태를 기본으로 하고 있다. 하지만 강도 해석의 간편성을 위하여 등가직사각형 압축응력분포도 함께 규정하고 있다.

미국의 설계기준에서도 모멘트 재분배를 허용하고 있지만, 강도설계법은 기본적으로 극한상태의 변형능력을 기본으르 다루는 설계법은 아니다. 일례로, 강도설계법을 기본으로 하고 있는 콘크리트구조기준이나 ACI 318 설계기준에서는 축력의 유무와 관계없이 휨모멘트가 작용할 때의 콘크리트 극한변형률을 0.003으로 규정하고 있으나, 순수 축력이 작용할 때의 콘크리트 극한변형률은 명시적으로 규정하지 않고 있다. 따라서 설계자들은 순수 축강도를 계산할 때 콘크리트의 극한변형률을 고려할 필요 없이 단순히 $0.85f_{ck}$의 응력을 기준으르 계산한다.

미국과는 달리, 유럽의 대표적인 콘크리트설계기준인 Eurocode 2에서는 콘크리트의 극한변형률을 고려하여 해석을 수행한다. Eurocode 2에서 제시하고 있는 휨과 축력이 작용하는 부재의 한계변형률은 그림 3.1과 같다.

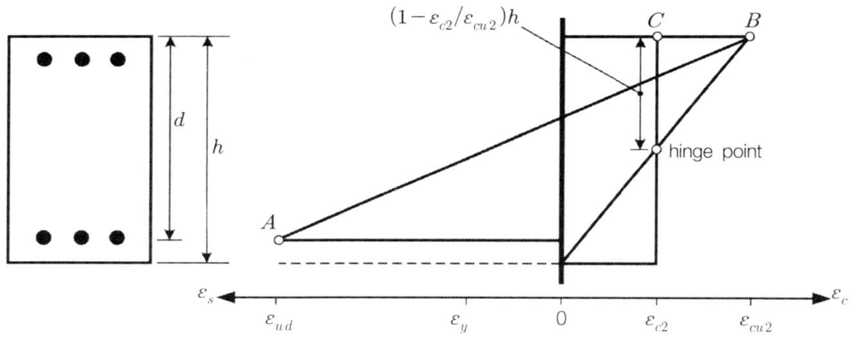

A : reinforcing steel tension strain limit
B : concrete compression strain limit
C : concrete pure compression strain limit

그림 3.1 **Eurocode 2의 한계변형률**

그림 3.1에서 나타낸 것처럼, 휨을 받는 부재는 압축연단 콘크리트의 변형률이 휨압축 한계변형률(ε_{cu2})에 도달하면 파괴되는 것으로 해석을 수행하고 순수 축력이 작용하는 부재는 콘크리트가 최대 응력에 도달함과 동시에 파괴에 이르기 때문에, 이 경우에는 콘크리트의 변형률이 순수 압축 한계변형률(ε_{c2})에 도달하면 파괴되는 것으로 해석을 수행한다. 만약 작은 편심으로 축력이 지배적이어서 중립축이 단면 외부에

존재하는 경우에는 순수 압축 한계변형률(ε_{c2})과 휨압축 한계변형률(ε_{cu2})의 교점(hinge point)을 기준으로 회전된 변형률 분포를 나타내고, 이때 콘크리트의 한계변형률은 순수 압축 한계변형률(ε_{c2})과 휨압축 한계변형률(ε_{cu2}) 사이에 존재하게 된다. 이러한 한계변형률을 적용한 예로써, 축력과 휨모멘트를 받는 기둥 강도 해석에서의 변형률분포는 그림 3.2와 같다.

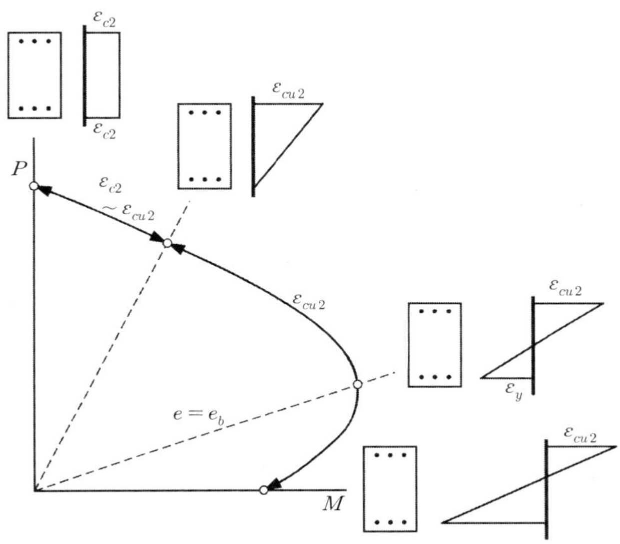

그림 3.2 **기둥 강도 상관도에서의 변형률분포**

그림 3.1에서 알 수 있는 바와 같이, 휨모멘트의 작용이 커서 중립축이 단면 내부에 존재하는 경우에는 콘크리트의 한계변형률로 휨압축 한계변형률(ε_{cu2})을 사용하고, 휨모멘트의 작용 없이 중심 축력이 작용하는 경우에는 콘크리트 한계변형률로 순수 압축 한계변형률(ε_{c2})을 사용한다. 이와 같은 변형률 한계를 적용하기 위해서 Eurocode 2에서는 그림 3.3과 같이 변형률이 0에서 ε_{c2}까지는 포물선이고 ε_{c2}에서 ε_{cu2}까지는 직선인 포물선-직선 응력분포를 채택하고 있다. 이외에도 Eurocode 2에서는 직사각형 및 사다리꼴 콘크리트 압축응력분포를 규정하여 설계자가 세 가지 응력분포 중 하나를 선택하여 설계할 수 있도록 제시하고 있다.

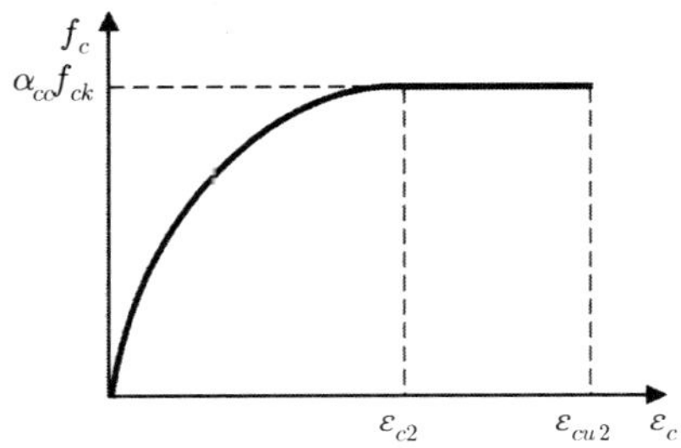

그림 3.3 EC 2포물선-직선 응력분포

3.2 설계기준의 압축응력분포 모델

단면의 극한상태를 대상으로 하는 강도설계법을 근간으로 한 우리나라와 미국 등의 설계기준에서는 계산의 편의성에 장점이 있는 등가 직사각형 압축응력분포를 제시하고 있다. 반면, 구조물의 극한상태를 대상으로 하는 한계상태설계법을 근간으로 한 유럽과 일본 등의 설계기준에서는 포물선-직선 형태의 압축응력분포를 기본으로 제시하고 있으며, 설계과정에서의 계산 간편성을 위하여 등가직사각형 압축응력분포나 등가사다리꼴 압축응력분포를 추가로 제시하고 있다.

각국의 콘크리트구조설계기준에서 제시하고 있는 압축응력분포 모델을 직사각형 응력분포와 포물선-직선 응력분포를 중심으로 정리한 결과는 다음과 같다.

3.2.1 콘크리트구조기준(2012)과 ACI 318-11

우리나라 콘크리트구조기준(2012)과 미국의 ACI 318-11에서는 그림 3.4와 같은 등가 직사각형 압축응력분포를 제시하고 있다. 등가직사각형 압축응력의 크기와 깊이를 나타내는 계수값은 식 (3.1) 및 식 (3.2)와 같다. 이는 Whitney(1937)가 처음으로 제안하였으며, Nedderman(1973)과 Kaar(1977) 등의 고강도 콘크리트에 대한 실험결과를 반영하여 β_1의 하한값을 0.65로 변경한 압축응력분포이다.

$$\alpha_1 = 0.85 \tag{3.1}$$

$$\beta_1 = 0.85 - 0.007(f_{ck} - 28) \qquad 0.65 \le \beta_1 \le 0.85 \tag{3.2}$$

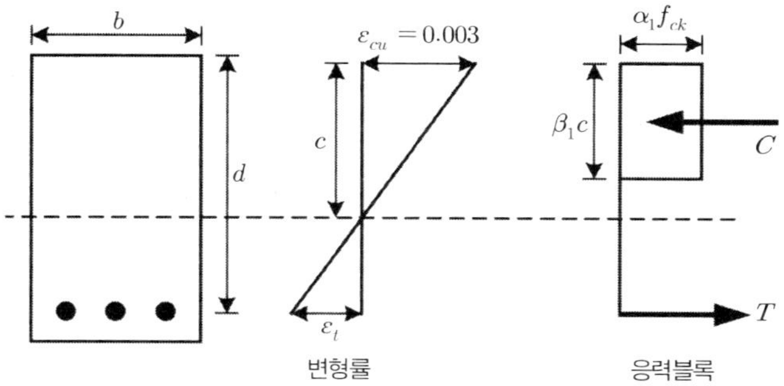

그림 3.4 **콘크리트구조기준과 ACI 318의 등가직사각형 압축응력분포**

국내 콘크리트구조기준과 ACI 318에서는 콘크리트 압축강도에 상관없이 α_1값을 일정한 값(0.85)으로 제시하고 있다. 그러나 Ibrahim 등(1997), 이재훈 등(1999), Lee와 Son(2000)의 연구에서 ACI 318의 콘크리트 압축응력분포를 고강도 콘크리트 기둥에 적용할 경우, 압축지배구역에 대한 축력-휨강도가 실험결과보다 과대평가되어 안전율이 감소하는 문제점이 있음을 보고하였다.

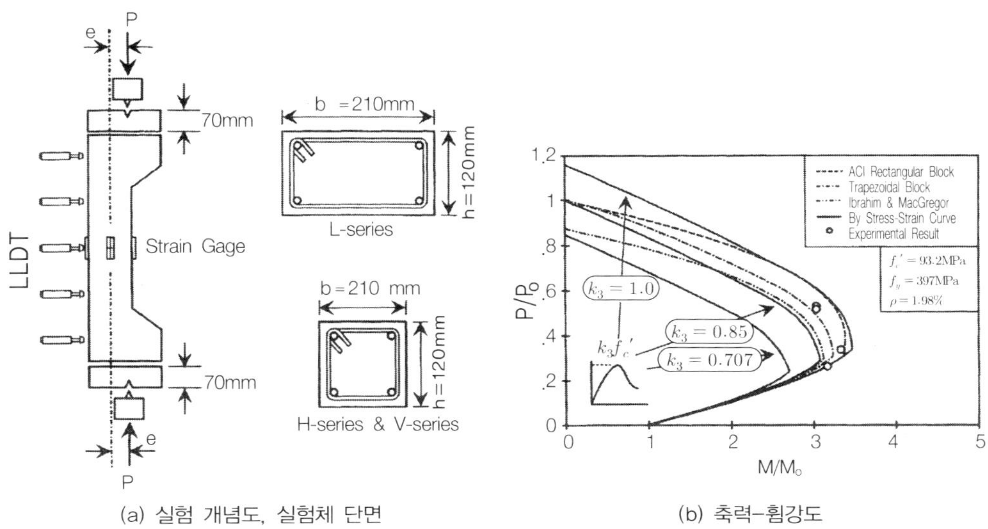

그림 3.5 **고강도 철근콘크리트 기둥 실험(Lee와 Son, 2000)**

3.2.2 CSA-A23.3-04

캐나다 콘크리트구조설계기준의 경우, 과거에는 ACI 318과 동일한 직사각형 압축응력분포를 규정하였으나, Ibrahim 등(1997)의 연구결과를 반영하여 현재는 수정된 등가 직사각형 압축응력분포를 규정하고 있다.

등가직사각형 모양의 압축응력분포 하나만을 제시하고 있으며, 미국과 동일한 개념의 계수 α_1, β_1을 적용하고 있다(그림 3.6). α_1, β_1 계수값들은 ACI 318과 달리 콘크리트 압축강도가 증가함에 따라 점차 감소하는 형태를 취하여 고강도 콘크리트의 재료적 특성을 반영하고 있다.

$$\alpha_1 = 0.85 - 0.0015 f_c' \geq 0.67 \tag{3.3}$$

$$\beta_1 = 0.97 - 0.0025 f_c' \geq 0.67 \tag{3.4}$$

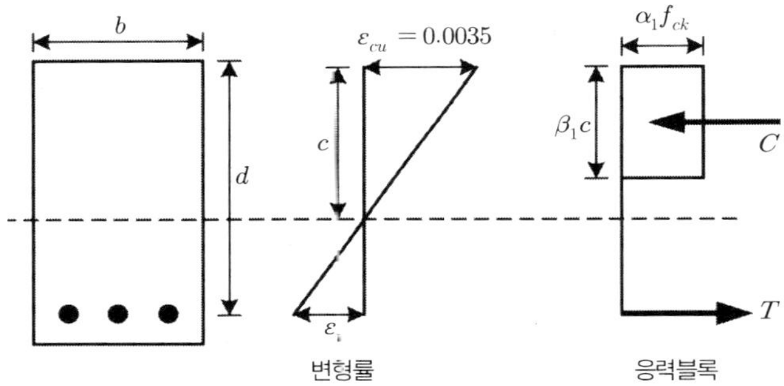

그림 3.6 CSA-A23.3-04의 응력분포

3.2.3 Eurocode 2

유럽의 콘크리트구조설계기준에서는 응력-변형률 관계를 세 가지로 구분하여 비선형해석을 위한 응력-변형률 관계, 단면설계를 위한 응력-변형률 관계, 그리고 횡방향으로 구속된 콘크리트의 응력-변형률 관계를 각각 제시하고 있다.

1) 비선형 해석을 위한 응력-변형률 관계

비선형 해석을 위한 단기 1축 압축력을 받는 콘크리트의 응력-변형률 관계는 식 (3.5)와 같다(그림 3.7).

$$\sigma_c = f_{cm}\frac{k\eta-\eta^2}{1+(k-2)\eta} \tag{3.5}$$

여기서, $\eta=\varepsilon_c/\varepsilon_{c1}$, $f_{cm}=f_{ck}+8(\mathrm{MPa})$, $k=1.1E_{cm}\,\varepsilon_{c1}/f_{cm}$ 이며, ε_{c1}은 최대 응력에 도달하였을 때의 변형률을 나타낸다. 식 (3.5)는 변형률이 극한변형률 ε_{cu1}보다 작은 범위에서, 즉 $0<\varepsilon_c<\varepsilon_{cu1}$ 에서 적용 가능하다. ε_{c1}와 ε_{cu1}은 식 (3.6)~(3.8)과 같이 정의된다.

$$\varepsilon_{c1} = 0.7 f_{cm}^{\ 0.31}\times 10^{-3} \tag{3.6}$$

$$\varepsilon_{cu1} = 0.0035 \qquad f_{ck}\le 50\mathrm{MPa} \tag{3.7}$$

$$\varepsilon_{cu1} = \left[2.8+27\left(\frac{98-f_{cm}}{100}\right)^4\right]\times 10^{-3} \qquad 50<f_{ck}\le 90\mathrm{MPa} \tag{3.8}$$

사용된 콘크리트의 거동을 잘 표현할 수 있다면, 식 (3.5)와 다른 형태의 이상화된 응력-변형률 관계를 적용할 수 있다.

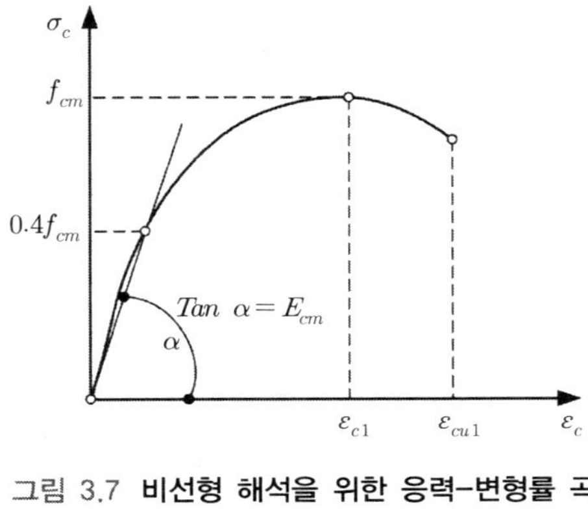

그림 3.7 **비선형 해석을 위한 응력-변형률 곡선(EC 2)**

2) 단면설계를 위한 응력–변형률 관계

Eurocode 2에서는 콘크리트 구조물의 단면설계를 위해 세 가지 형태(포물선-직선, 직사각형, 사다리꼴)의 콘크리트 압축응력분포를 제시하고 있으며, 설계자가 세 가지 응력분포 중 하나를 선택하여 설계할 수 있다.

(1) 포물선–직선 응력분포

Eurocode 2에서 제시하고 있는 포물선-직선 응력분포의 형태는 그림 3.8과 같으며, 압축응력분포를 나타내는 식 (3.9), 식 (3.10)과 같이 정의된다.

$$\sigma_c = f_{cd}\left[1-\left(1-\frac{\varepsilon_c}{\varepsilon_{c2}}\right)^n\right] \qquad 0 \le \varepsilon_c \le \varepsilon_{c2} \tag{3.9}$$

$$\sigma_c = f_{cd} \qquad \varepsilon_{c2} \le \varepsilon_c \le \varepsilon_{cu2} \tag{3.10}$$

여기서, $f_{cd}(=\alpha_{cc}f_{ck}/\gamma_c)$ 는 콘크리트의 부분안전계수(γ_c)를 적용한 설계압축강도이며, α_{cc}는 장기하중이나 하중이 작용된 방식에 따른 불리한 환경을 고려한 계수로서 국가 기준에서 제시하는 값을 사용하며, 별도 언급이 없는 경우 교량 구조물은 0.85, 건축 구조물은 1.0을 사용할 수 있다. 그 외의 변수들은 식 (3.11)~(3.16)과 같다.

$$n = 2.0 \qquad f_{ck} \le 50\text{MPa} \tag{3.11}$$

$$n = 1.4 + 23.4\left(\frac{90-f_{ck}}{100}\right)^4 \qquad 50 < f_{ck} \le 90\text{MPa} \tag{3.12}$$

$$\varepsilon_{c2} = 0.002 \qquad f_{ck} \le 50\text{MPa} \tag{3.13}$$

$$\varepsilon_{c2} = \left[2.0 + 0.085(f_{ck}-50)^{0.53}\right]\times 10^{-3} \qquad 50 < f_{ck} \le 90\text{MPa} \tag{3.14}$$

$$\varepsilon_{cu2} = 0.0035 \qquad f_{ck} \le 50\text{MPa} \tag{3.15}$$

$$\varepsilon_{cu2} = \left[2.6 + 35\left(\frac{90-f_{ck}}{100}\right)^4\right]\times 10^{-3} \qquad 50 < f_{ck} \le 90\text{MPa} \tag{3.16}$$

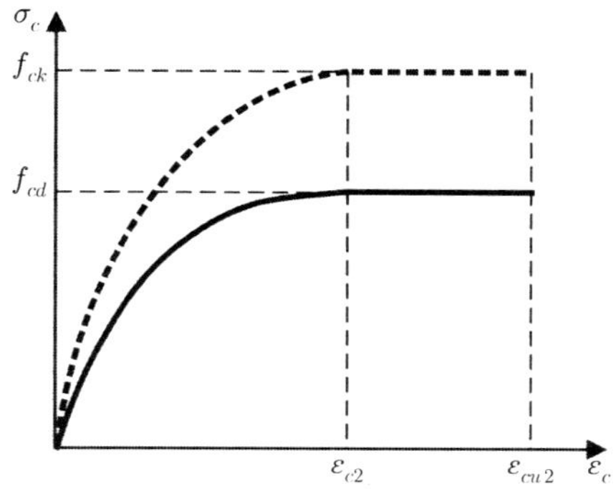

그림 3.8 **EC 2의 포물선-직선 응력분포 모델**

Eurocode 2의 포물선-직선 응력분포에서는 고강도 콘크리트의 재료적 특성을 반영하여 압축강도가 증가함에 따라 상승 곡선부의 형상을 나타내는 지수 n과 극한변형률 ε_{cu2}을 감소시키며, 최대 응력에 처음 도달할 때의 변형률 ε_{c2}를 증가시킨다. 상승 곡선부의 형상을 나타내는 지수 n은 콘크리트 압축강도가 50MPa을 초과할 경우 콘크리트 압축강도가 증가함에 따라 감소시킨다. 그림 3.9에서 콘크리트 실린더 공시체 압축강도 50MPa(C50), 60MPa(C60)에 대한 응력분포를 비교해 보면, 상승 곡선부 일부 구간의 동일한 변형률에서 콘크리트 압축강도 60MPa일 때의 응력이 50MPa일 때의 응력보다 낮게 나타나는 현상이 있다. 그러나 이 응력분포는 단면강도 해석에 사용하는 용도로서, 이 곡선의 상승곡선으로 탄성계수를 결정하는 것이 아니므로 기울기 역전 현상이 큰 문제가 되지는 않는다.

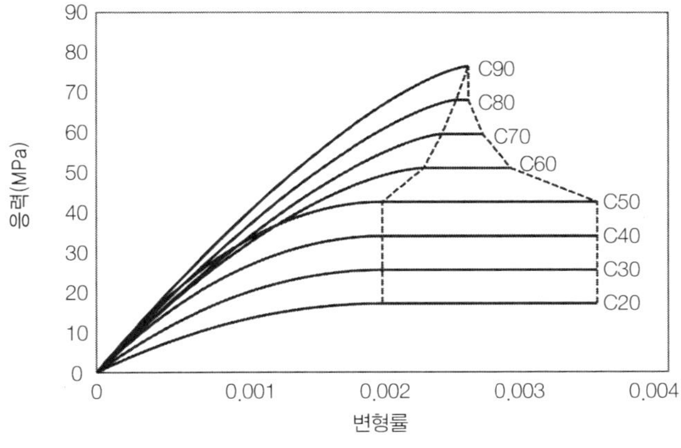

그림 3.9 **콘크리트 압축강도 변화에 따른 Eurocode 2의 포물선-직선 응력분포**

(2) 사다리꼴 응력분포

Eurocode 2는 그림 3.10에 나타낸 바와 같이 포물선-직선 응력분포의 개념과 동일하면서 두 직선으로 단순하게 정의된 사다리꼴 응력분포를 제시하고 있다. 콘크리트 강도에 따른 응력분포 변화는 최대 응력에 처음 도달할 때의 변형률 ε_{c3}와 극한변형률 ε_{cu3}를 통해 나타내며, 극한변형률 ε_{cu3}는 식 (3.15), (3.16)의 ε_{cu2}와 동일하며, ε_{c3}는 식 (3.17), (3.18)과 같다.

$$\varepsilon_{c3} = 0.00175 \qquad f_{ck} \le 50\text{MPa} \tag{3.17}$$

$$\varepsilon_{c3} = \left[1.75 + 0.55\frac{(f_{ck} - 50)}{40}\right] \times 10^{-3} \qquad 50 < f_{ck} \le 90\text{MPa} \tag{3.18}$$

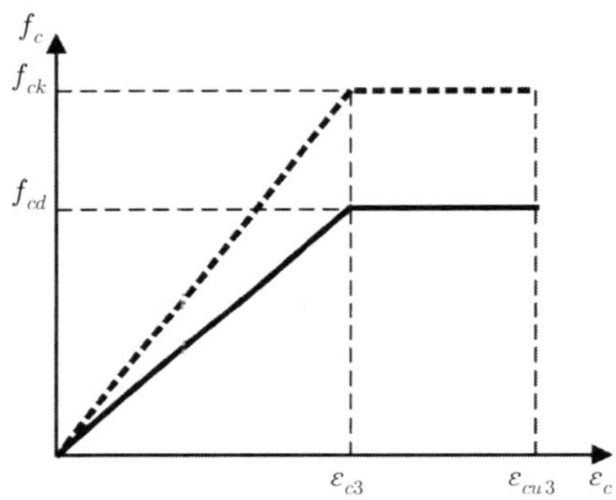

그림 3.10 **EC 2의 사다리꼴 응력 모델**

(3) 직사각형 응력분포

Eurocode 2의 직사각형 압축응력분포는 미국(ACI 318-11)이나 캐나다(CSA-A23.3- 04)의 α_1과 동일한 의미를 갖는 계수 η, 그리고 β_1과 동일한 의미를 갖는 계수 λ를 적용하고 있다. 콘크리트 압축강도가 50MPa 이상일 경우, 각각의 계수값은 콘크리트 압축강도가 증가함에 따라 감소하여 고강도 콘크리트의 재료적 특성을 반영하고 있다.

$$\eta = 1.0 \qquad f_{ck} \le 50\text{MPa} \tag{3.19}$$

$$\eta = 1.0 - \frac{(f_{ck} - 50)}{200} \qquad 50 < f_{ck} \le 90\text{MPa} \tag{3.20}$$

$$\lambda = 0.8 \qquad f_{ck} \leq 50\text{MPa} \tag{3.21}$$

$$\lambda = 0.8 - \frac{(f_{ck} - 50)}{400} \qquad 50 < f_{ck} \leq 90\text{MPa} \tag{3.22}$$

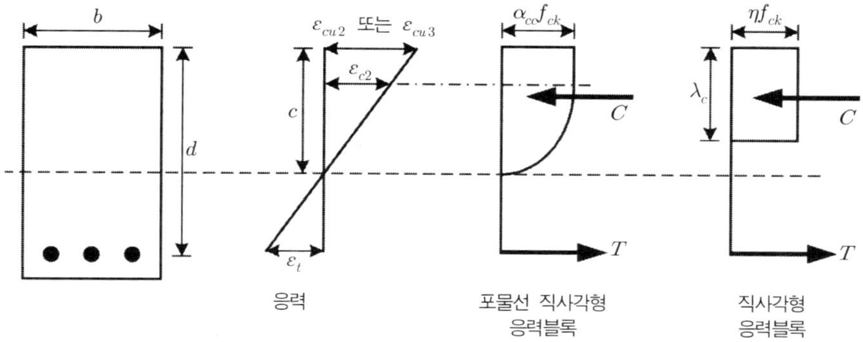

그림 3.11 **EC 2의 응력분포**

3) 횡방향으로 구속된 콘크리트의 응력-변형률 관계

횡방향으로 구속된 콘크리트는 높은 강도와 큰 한계변형률을 나타내므로, 유효응력-변형률 관계를 수정하여 적용한다. 다만, 설계와 관련된 그 밖의 기본적인 재료특성은 영향을 받지 않는 것으로 간주할 수 있다.

별도로 조사된 상세한 자료가 없는 경우, 그림 3.12와 같은 응력-변형률 관계를 사용할 수 있으며 구속된 콘크리트의 압축기준강도 및 변형률의 증가는 식 (3.23)~(3.26)과 같다.

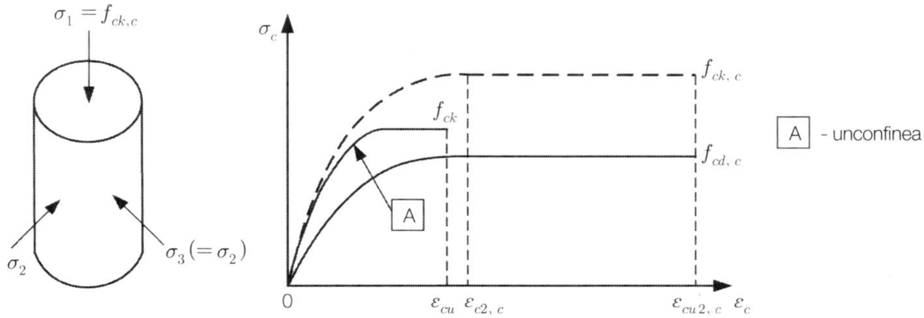

그림 3.12 **구속된 콘크리트의 응력-변형률 관계(EC 2)**

$$f_{ck,c} = f_{ck}(1.0 + 5.0\sigma_2 / f_{ck}), \quad \sigma_2 < 0.05 f_{ck} \tag{3.23}$$

$$f_{ck,c} = f_{ck}(1.125 + 2.50\sigma_2 / f_{ck}), \quad \sigma_2 > 0.05 f_{ck} \tag{3.24}$$

$$\varepsilon_{c2,c} = \varepsilon_{c2}(f_{ck,c} / f_{ck})^2 \tag{3.25}$$

$$\varepsilon_{cu2,c} = \varepsilon_{cu2} + 0.2\sigma_2 / f_{ck} \tag{3.26}$$

여기서, $\sigma_2(=\sigma_3)$는 극한한계상태에서 구속에 의해서 발생하는 횡방향 유효 압축응력이며, ε_{c2}와 ε_{cu2}는 식 (3.13)~(3.16)에 따라 정의된 값이다. 횡구속은 콘크리트의 횡방향 팽창을 막을 수 있게 적절하게 배치된 폐쇄스터럽 또는 폐쇄띠철근 등이 소성상태에 도달하여 발휘된다.

3.2.4 JSCE(2007)

일본의 JSCE 설계기준에서는 그림 3.13에 나타낸 바와 같이 콘크리트 구조물 설계를 위해 포물선-직선과 직사각형의 두 가지 형태의 콘크리트 압축응력분포를 제시하고 있다.

1) 포물선-직선 응력분포

JSCE에서 제시하고 있는 포물선-직선 응력분포의 형태는 그림 3.14와 같으며, 압축응력분포는 응력 상승 부분과 최대 응력이 일정하게 유지되는 부분의 두 구간으로 나눌 수 있다. 압축응력분포를 나타내는 식과 그에 따른 변수는 식 (3.27)~(3.30)과 같다.

$$f_c' = k_1 f_{ck}' \left(\frac{\varepsilon_c'}{0.002}\right)\left(2 - \frac{\varepsilon_c'}{0.002}\right) \qquad 0 \le \varepsilon_c' \le 0.002 \tag{3.27}$$

$$f_c' = k_1 f_{ck}' \qquad 0.002 \le \varepsilon_c' \le \varepsilon_{cu}' \tag{3.28}$$

여기서,

$$k_1 = 1 - 0.003 f_{ck}' \le 0.85 \qquad f_{ck}' \le 80\text{MPa} \tag{3.29}$$

$$\varepsilon_{cu}' = \frac{155 - f_{ck}'}{30000} \qquad 0.0025 \le \varepsilon_{cu}' \le 0.0035 \tag{3.30}$$

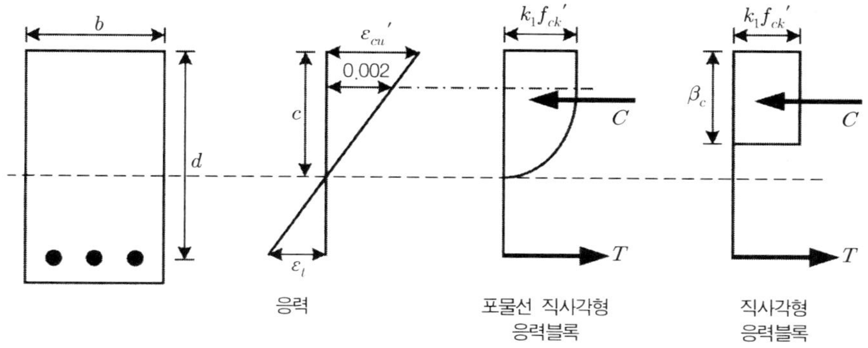

그림 3.13 **JSCE의 응력분포**

그림 3.14는 콘크리트 압축강도의 변화에 따른 포물선-직선 응력분포의 변화를 보여주고 있다. JSCE에서는 고강도 콘크리트의 재료적 특성을 반영하여 콘크리트 압축강도가 증가함에 따라 극한변형률 ε_{cu}'을 감소시키고 있지만, 상승 곡선부의 형상을 나타내는 지수 n과 최대 응력에 처음 도달할 때의 변형률은 콘크리트 압축강도와 상관없이 0.002로 일정하도록 정의하고 있다.

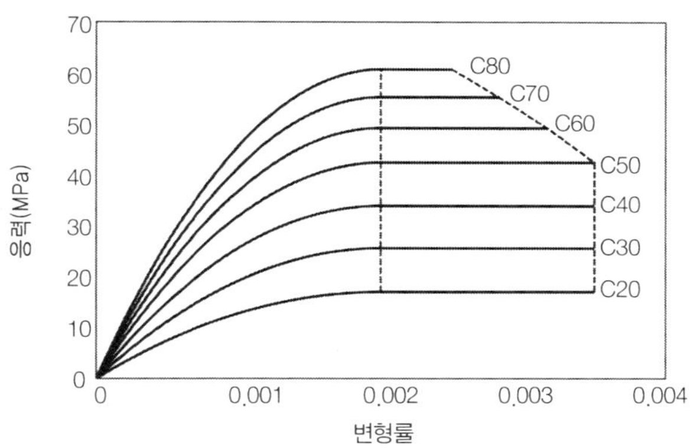

그림 3.14 **콘크리트 압축강도 변화에 따른 JSCE의 포물선-직선 응력분포**

2) 직사각형 응력분포

직사각형 응력분포 가정은 중립축이 단면 내부에 존재할 경우에만 사용 가능하다. 직사각형 압축응력분포는 ACI 318-11이나 캐나다 기준(CSA-A23.3-04)의 α_1과 동일한 의미를 갖는 계수 k_1, 그리고 β_1과 동일한 의미를 갖는 계수 β를 적용하여 정의하고 있다.

$$k_1 = 1 - 0.003 f_{ck}' \leq 0.85 \tag{3.31}$$

$$\beta = 0.52 + 80\,\varepsilon_{cu}' \tag{3.32}$$

3.2.5 국내의 한계상태법 설계기준

이재훈 외 2인(2009)은 그림 3.15와 3.16에 나타낸 콘크리트 압축강도가 17~84MPa인 C형 압축시편 39본의 실험결과와 함께, 추가로 분석한 국내·외 97개 실험 결과(김진근 등, 1999;. Hognestad, 1955; Rusch, 1955; Nedderman, 1973; Kaar, 1977; Swartz, 1985; Schade, 1992; Ibrahim, 1997)를 통해 포물선-직선으로 구성된 콘크리트 압축응력분포를 제안하였고, 이 압축응력분포 모델은 성능중심설계기준 및 도로교설계기준 한계상태설계법(2012)에 설계 압축응력분포로 채택되었다. 성능중심설계기준은 구조물의 성능 검증을 기반으로 하는 설계기준으로서 기존의 설계기준과 차별화되지만, 성능 검증의 방법론에서 한계상태설계법의 개념을 채택한 설계기준이다.

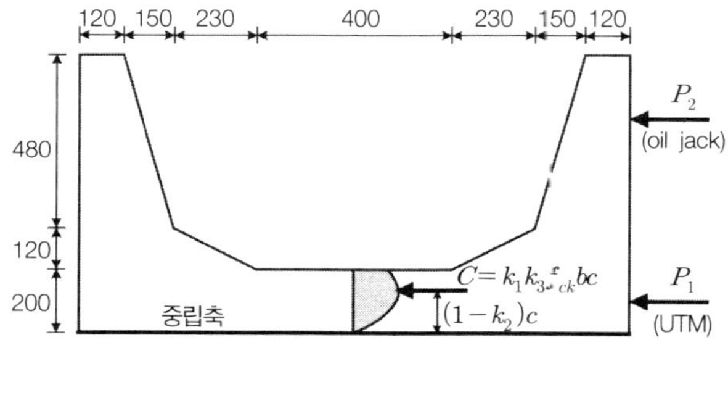

그림 3.15 **C형 압축시편(이재훈 외 2인, 2009)**

그림 3.16 **C형 압축시편 실험결과**

도로교설계기준 한계상태설계법(2012)에서는 응력-변형률 관계를 세 가지로 구분하여 제시하고 있다. 즉, 비선형 해석을 위한 응력-변형률 관계, 단면설계를 위한 응력-변형률 관계 그리고 횡방향으로 구속된 콘크리의 응력-변형률 관계로 나누어지고 이에 대한 설명은 다음과 같다.

1) 비선형 해석을 위한 응력-변형률 관계

비선형 구조해석을 위해 단기 1축 압축력을 받는 콘크리트의 응력-변형률 곡선은 다음 식 (3.33)과 같다.

$$f_c = f_{cm}\left[\frac{k(\varepsilon_c/\varepsilon_{co,r}) - (\varepsilon_c/\varepsilon_{co,r})^2}{1+(k-2)(\varepsilon_c/\varepsilon_{co,r})}\right] \tag{3.33}$$

여기서, $k = 1.1E_c\varepsilon_{co,r}/f_{cm}$ 이고, $\varepsilon_{co,r}$은 최대 응력에 도달하였을 때의 정점 변형률이며 $\varepsilon_{cu,r}$은 극한한계변형률을 나타낸다.

도로교설계기준 한계상태설계법에서 제시하고 있는 비선형 해석을 위한 응력-변형률 관계를 도식화하면 그림 3.17과 같고, 콘크리트 압축강도별 대응하는 $\varepsilon_{co,r}$ 및 $\varepsilon_{cu,r}$은 표 3.1과 같다. 한편, 도로교설계기준 한계상태설계법에서는 식 (3.33)과 다르게 표현된 응력-변형률 관계가 사용 콘크리트의 거동을 잘 표현한다면 이를 적용할 수 있도록 규정하고 있다.

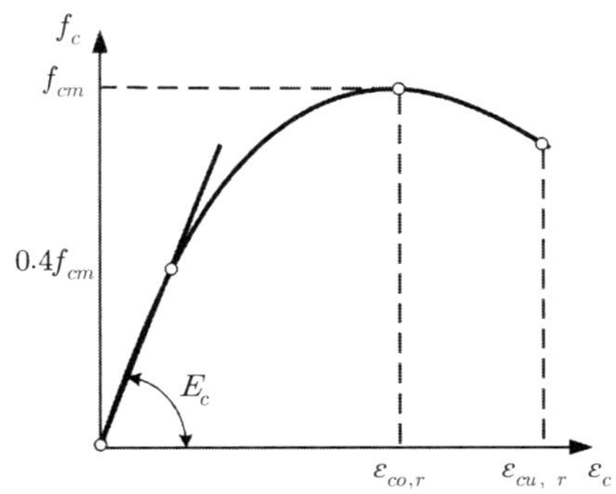

그림 3.17 **비선형 해석을 위한 콘크리트의 응력-변형률 곡선 (도로교설계기준 한계상태설계법, 2012)**

표 3.1 **비선형 해석을 위한 콘크리트 응력-변형률 곡선의 강도 변화에 따른 계수값**

f_{ck} (MPa)	18	21	24	27	30	35	40	50	60	70
$\varepsilon_{co,r}$ $(\times 10^{-3})$	1.92	2	2.05	2.1	2.2	2.25	2.3	2.45	2.6	2.7
$\varepsilon_{cu,r}$ $(\times 10^{-3})$				3.3				3.2	3.1	3.0

2) 단면설계를 위한 응력-변형률 관계

휨부재의 단면설계를 위하여 그림 3.18에 나타낸 포물선-직선 형상의 응력-변형률 관계를 사용할 수 있고, 다음 식 (3.34)~(3.38)과 같이 정의한다.

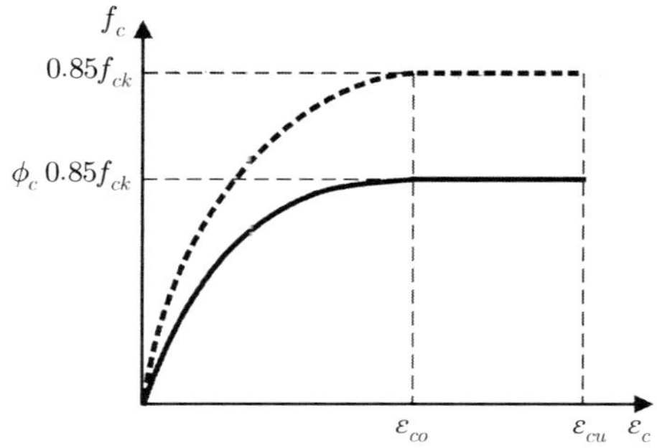

그림 3.18 **단면 설계를 위한 콘크리트의 응력-변형률 곡선**
(도로교설계기준 한계상태설계법, 2012)

$$f_c = \phi_c 0.85 f_{ck}\left[1-\left(1-\frac{\varepsilon_c}{\varepsilon_{co}}\right)^n\right] \qquad 0 \le \varepsilon_c \le \varepsilon_{co} \tag{3.34}$$

$$f_c = \phi_c 0.85 f_{ck} \qquad \varepsilon_{co} < \varepsilon_c \le \varepsilon_{cu} \tag{3.35}$$

여기서,

$$n = 2.0 - \left(\frac{f_{ck}-40}{100}\right) \le 2.0 \tag{3.36}$$

$$\varepsilon_{co} = 0.002 + \left(\frac{f_{ck}-40}{100,000}\right) \ge 0.002 \tag{3.37}$$

$$\varepsilon_{cu} = 0.0033 - \left(\frac{f_{ck}-40}{100,000}\right) \le 0.0033 \tag{3.38}$$

여기서, ϕ_c는 콘크리트에 대한 재료계수로 도로교설계기준 한계상태설계법(2012) 표 5.2.1에 제시되어 있고, n은 상승 곡선부의 형상을 나타내는 지수이고 ε_{co}는 최대 응력에 처음 도달할 때의 변형률이며 ε_{cu}는 극한변형률을 나타낸다. 콘크리트 압축강도의 변화에 따른 포물선-직선 응력분포의 변화를 나타낸 그림 3.19에서 알 수 있듯이, 고강도 콘크리트로 갈수록 지수 n값이 작아져 기울기가 작아지게 되므로 압축응력분포의 형태가 사다리꼴에 가까워지게 된다.

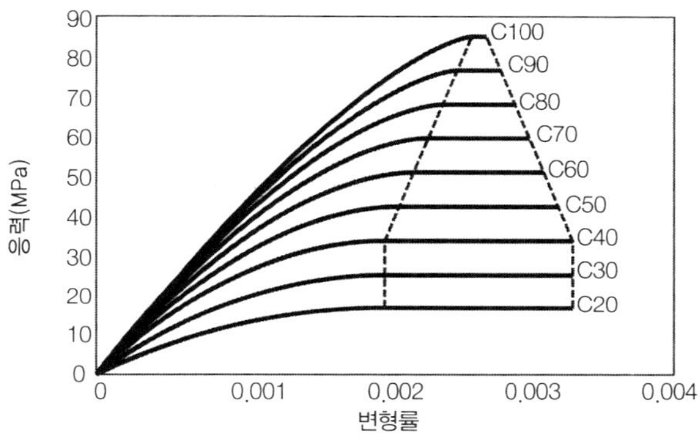

그림 3.19 **콘크리트 압축강도 변화에 따른 도로교설계기준 한계상태설계법(2012)의 포물선-직선 응력분포**

단면설계를 위한 응력-변형률 곡선의 콘크리트 강도 변화에 따른 n, ε_{co}, ε_{cu} 계수값은 표 3.2에 정리하였다.

표 3.2 **단면설계를 위한 콘크리트 응력-변형률 곡선의 강도 변화에 따른 계수값**

f_{ck} (MPa)	18	21	24	27	30	35	40	50	60	70
n	2.0							1.9	1.8	1.7
ε_{co} $(\times 10^{-3})$	2.0							2.1	2.2	2.3
ε_{cu} $(\times 10^{-3})$	3.3							3.2	3.1	3.0

단면설계를 위한 포물선-직선 응력-변형률 곡선은 극한한계상태에서 부재 압축력의 실제 응력분포를 근사적으로 나타낼 수 있다. 이 곡선은 부재 단면의 중립축 위치를 산정하는데 적용할 뿐만 아니라 압축연단의 한계 변형률 결정에도 적용한다. 그러나

콘크리트의 탄성계수 E_c를 이 곡선의 접선으로 산출하여 사용할 수는 없다. 지금까지의 연구결과에 의하면, 이 곡선은 세장한 기둥의 좌굴 해석에 적용해도 충분히 만족스러우며 안전한 결과를 얻을 수 있다고 알려졌다.

응력-변형률 곡선에서 상승 곡선의 형상은 40MPa보다 작은 콘크리트에서는 2차식이며 40MPa보다 큰 고강도 콘크리트에서는 직선에 가까워짐을 알 수 있고, 최대 응력에 도달할 때의 변형률 ε_{co}는 40MPa보다 큰 콘크리트에서는 콘크리트 강도가 증가할수록 커짐을 알 수 있다. 반면에 극한변형률 ε_{cu}는 40MPa보다 큰 콘크리트에서는 콘크리트 강도가 증가할수록 작아지게 된다. 극한변형률 ε_{cu}는 휨실험 결과로부터 얻은 것으로 실험값의 중간값 정도이며, 이는 유럽 설계기준과 일본 설계기준에 비하여 보통강도 콘크리트에 대해서는 작은 값으로, 고강도 콘크리트에서는 극한변형률의 감소값이 크지 않다.

그림 3.18에 나타낸 콘크리트의 응력-변형률 곡선은 장기하중을 받는 부재의 극한한계상태 단면설계를 위한 응력분포를 고려한 것이다. 따라서 사용하중 단계이거나 또는 단기하중이 편심으로 작용하고 있는 콘크리트 부재의 응력-변형률 곡선과는 다를 수 있다. 하지만 이러한 경우에도 해당하는 부재의 실험 강도는 이 응력-변형률 곡선을 적용하여 구한 강도와 약간의 차이가 있을 뿐이며, 모든 경우에 안전한 결과에 해당한다.

휨부재에서 압축연단 콘크리트 변형률이 극한변형률 ε_{cu}에 도달하는 극한한계상태일 때 단면 압축합력의 크기와 작용점은 실제 설계에 긴요하게 사용된다. 따라서 압축합력의 크기를 나타내는 계수 α, 작용점 위치를 나타내는 계수 β 및 등가응력블록의 응력 크기를 나타내는 계수 η는 콘크리트 강도 등급에 따라 변하는 변형률 항으로 다음 식과 같이 나타낸다.

$$\alpha = 1 - \frac{1}{1+n}\left(\frac{\varepsilon_{co}}{\varepsilon_{cu}}\right) \tag{3.39}$$

$$\beta = 1 - \frac{0.5 - \dfrac{1}{(1+n)(2+n)}\left(\dfrac{\varepsilon_{co}}{\varepsilon_{cu}}\right)^2}{1 - \dfrac{1}{(1+n)}\left(\dfrac{\varepsilon_{co}}{\varepsilon_{cu}}\right)} \tag{3.40}$$

$$\eta = \frac{\alpha}{2\beta} \tag{3.41}$$

식 (3.39)~(3.41)은 부재 단면의 압축 영역이 직사각형일 때 적용하는 값이며, 원형 또는 삼각형 단면 등과 같은 직사각형이 아닌 단면에서는 적용되지 않는다. 단면의 극한한계상태의 휨 해석은 그림 3.20과 같으며, 각 콘크리트 강도별로 위 식을 적용하여 계산한 휨부재 극한한계상태의 압축합력의 무차원 계수를 표 3.3에 정리하였다. 특히 40MPa 이하의 보통강도 콘크리트에서는 설계 편의를 위해 실제로 산출된 번거로운 계수값 대신에 표의 괄호 안에 주어진 간편한 계수 0.4와 0.8을 사용할 수 있다.

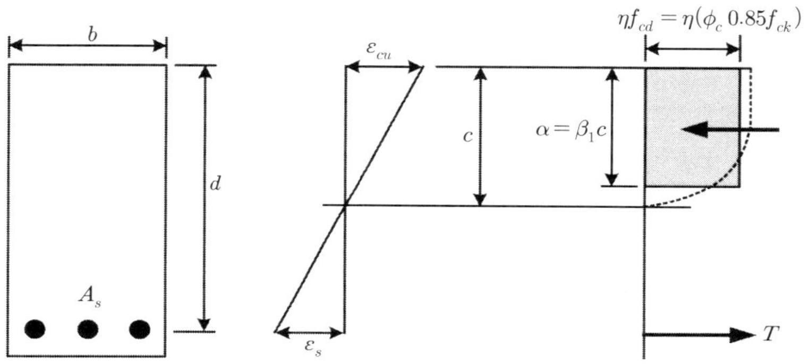

그림 3.20 **단면의 극한한계상태 휨 해석**

표 3.3 **도로교설계기준 한계상태설계법(2012) 압축응력분포의 주요 변수값과 합력계수값**

f_{ck} (MPa)	18	21	24	27	30	35	40	50	60	70	80	90	100
n	2.0							1.9	1.8	1.7	1.6	1.5	1.4
ε_{co} $(\times 10^{-3})$	2.0							2.1	2.2	2.3	2.4	2.5	2.6
ε_{cu} $(\times 10^{-3})$	3.3							3.2	3.1	3.0	2.9	2.8	2.7
α	0.80(0.8)							0.77	0.74	0.71	0.68	0.64	0.60
β	0.41(0.4)							0.40	0.39	0.38	0.37	0.36	0.35
η	0.98(1.0)							0.96	0.95	0.93	0.91	0.88	0.85
$\beta_1(=2\beta)$	0.82(0.8)							0.80	0.78	0.76	0.74	0.72	0.70

한편, 도로교설계기준 한계상태설계법(2012)에 대한 차기 개정작업에서, 고강도 콘크리트의 특성을 적극 반영하기 위하여 상승 곡선부의 형상을 나타내는 식 (3.36)의 지수 n을 다음과 같이 수정할 것을 검토하였다.

$$n = 1.2 + 1.5\left(\frac{100 - f_{ck}}{60}\right)^{4} \leq 2.0 \tag{3.42}$$

따라서 도로교설계기준 한계상태설계법(2012)에 정의된 지수 n에 대한 식 (3.36)을 식 (3.42)로 개정하면 표 3.3의 값 중에서 일부는 표 3.4로 변경된다.

표 3.4 상승 곡선부 지수 n의 개정에 따른 극한한계상태의 휨 압축합력의 계수값과 변형률

f_{ck} (MPa)	18	21	24	27	30	35	40	50	60	70	80	90	100
n	2.0							1.92	1.50	1.29	1.22	1.20	1.20
α	0.80(0.8)							0.78	0.72	0.67	0.63	0.59	0.56
β	0.41(0.4)							0.40	0.38	0.37	0.36	0.35	0.35
η	0.98(1.0)							0.98	0.95	0.91	0.88	0.84	0.80
$\beta_1(=2\beta)$	0.82(0.8)							0.80	0.76	0.74	0.72	0.70	0.70

또한 도로교설계기준 한계상태설계법(2012)에 대한 차기 개정작업에서, 비선형 해석을 위한 콘크리트의 응력-변형률 곡선에서 최대 응력에 도달하였을 때의 정점 변형률 $\varepsilon_{co,r}$의 값을 다음과 같이 수정할 것을 검토하였다. 이것은 콘크리트의 평균 압축강도와 설계기준압축강도의 차이에 대한 검토결과를 반영한 것이다.

표 3.5 비선형 해석을 위한 콘크리트 응력-변형률 곡선의 정점변형률 개정안

f_{ck} (MPa)	18	21	24	27	30	35	40	50	60	70
2012년 기준 $\varepsilon_{co,r}$ ($\times 10^{-3}$)	1.92	2	2.05	2.1	2.2	2.25	2.3	2.45	2.6	2.7
개정안 $\varepsilon_{co,r}$ ($\times 10^{-3}$)	1.83	1.90	1.97	2.03	2.09	2.18	2.26	2.42	2.57	2.68

3) 횡방향으로 구속된 콘크리트의 응력-변형률 관계

구속된 콘크리트는 훨씬 높은 강도와 큰 한계변형률을 나타내므로, 이러한 경우 유효응력-변형률 관계를 수정해야 한다. 설계와 관련된 그 밖의 기본적인 재료특성은 영향을 받지 않는 것으로 간주할 수 있다. 별도로 조사된 상세한 자료가 없는 경우, 그림 3.21에 나타낸 것과 같은 응력-변형률 관계를 사용할 수 있으며 구속된 콘크리트의 압축기준강도 및 변형률의 증가는 식 (3.43)~(3.46)과 같다.

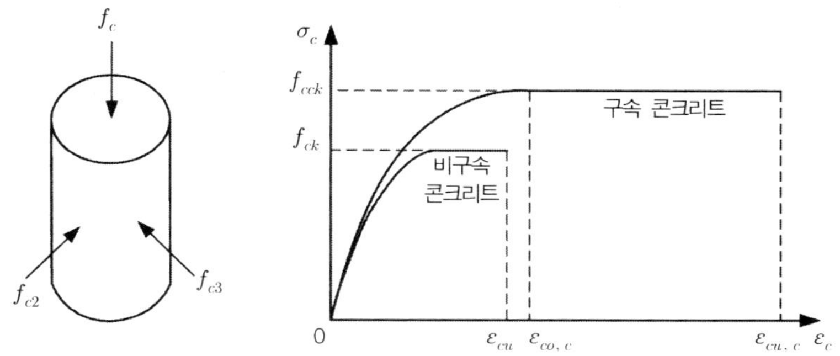

그림 3.21 **구속된 콘크리트의 응력–변형률 관계(도로교설계기준 한계상태설계법, 2012)**

$$f_{cck} = f_{ck}(1.0 + 5.0 f_{c2} / f_{ck}),\ \ f_{c2} < 0.05 f_{ck} \tag{3.43}$$

$$f_{cck} = f_{ck}(1.125 + 2.50 f_{c2} / f_{ck}),\ \ f_{c2} > 0.05 f_{ck} \tag{3.44}$$

$$\varepsilon_{co,c} = \varepsilon_{co}(f_{cck} / f_{ck})^2 \tag{3.45}$$

$$\varepsilon_{cu,c} = \varepsilon_{cu} + 0.2 f_{c2} / f_{ck} \tag{3.46}$$

여기서, $f_{c2}(= f_{c3})$는 극한한계상태에서 구속에 의해 발생하는 횡방향 유효압축응력이다. 횡구속은 콘크리트의 횡방향 팽창을 막을 수 있게 적절하게 배치된 폐쇄스터럽 또는 폐쇄띠철근 등이 소성 상태에 도달하여 발휘된다.

3.3 포물선–직선 압축응력분포 모델 비교

포물선-직선 압축응력분포는 구조물의 단면설계에 적용하기 위해서보다는 철근 콘크리트 구조물의 상세 해석을 위해서 제시된 개념이다. 그림 3.22에서는 포물선-직선 압축응력분포 모델을 제시하고 있는 Eurocode 2, JSCE(2007), 도로교설계기준 한계상태설계법(2012)을 대상으로 콘크리트 압축강도에 따른 포물선-직선 압축응력분포 형상을 비교하였다. 특히 압축응력분포 형상의 차이는 상승 곡선부의 형상을 나타내는 지수(n), 최대 응력에 처음 도달할 때의 변형률(ε_{co}), 극한 변형률(ε_{cu})에 의해 발생한다.

이 변수들에 대하여 각 기준에서 제시하는 값들을 콘크리트 압축강도에 따라 정리하면 표 3.6과 같다.

40MPa 이하의 일반강도에서 Eurocode 2, JSCE, 도로교설계기준이 제시하는 포물선-직선 압축응력분포는 동일하며, 극한변형률에서만 미세한 차이가 있다. 압축강도가 증가함에 따라 압축응력분포는 기준별로 상이한 형상을 보이고 있으며, 특히 50MPa을 넘어서면 상승 곡선부인 포물선 구간과 최대 응력의 직선 구간 모두에서 큰 차이를

표 3.6 **강도 변화에 따른 주요 설계기준의 포물선-직선 압축응력분포 계수 비교**

parameter	f_{ck}(MPa)	EC 2	JSCE	도로교설계기준 한계상태설계법	
				2012	개정안
n	≤ 40	2.0	2.0	2.0	2.0
	50	2.0	2.0	1.9	1.92
	60	1.590	2.0	1.8	1.50
	70	1.437	2.0	1.7	1.29
	80	1.402	2.0	1.6	1.22
	90	1.4	(2.0)	1.5	1.20
	100	(1.402)	(2.0)	1.4	1.20
ε_{co}	≤ 40	0.002	0.002	0.002	
	50	0.002	0.002	0.0021	
	60	0.00229	0.002	0.0022	
	70	0.00242	0.002	0.0023	
	80	0.00252	0.002	0.0024	
	90	0.0026	(0.002)	0.0025	
	100	(0.00268)	(0.002)	0.0026	
ε_{cu}	≤ 40	0.0035	0.0035	0.0033	
	50	0.0035	0.0035	0.0032	
	60	0.0029	0.00317	0.0031	
	70	0.0027	0.00283	0.0030	
	80	0.0026	0.0025	0.0029	
	90	0.0026	(0.00217)	0.0028	
	100	(0.0026)	(0.00183)	0.0027	

※ ( )는 허용강도 이상으로 비교를 위해 나타낸 값.

보여 준다. JSCE의 경우 압축강도가 증가하더라도 상승 곡선부의 형상 및 최대 응력에 도달하는 변형률을 동일하게 가정하고 있지만, Eurocode 2와 도로교설계기준에서는 콘크리트 압축강도가 증가함에 따라 상승부의 응력 증가 기울기가 작아지며 최대 응력에 도달하는 변형률값이 증가한다.

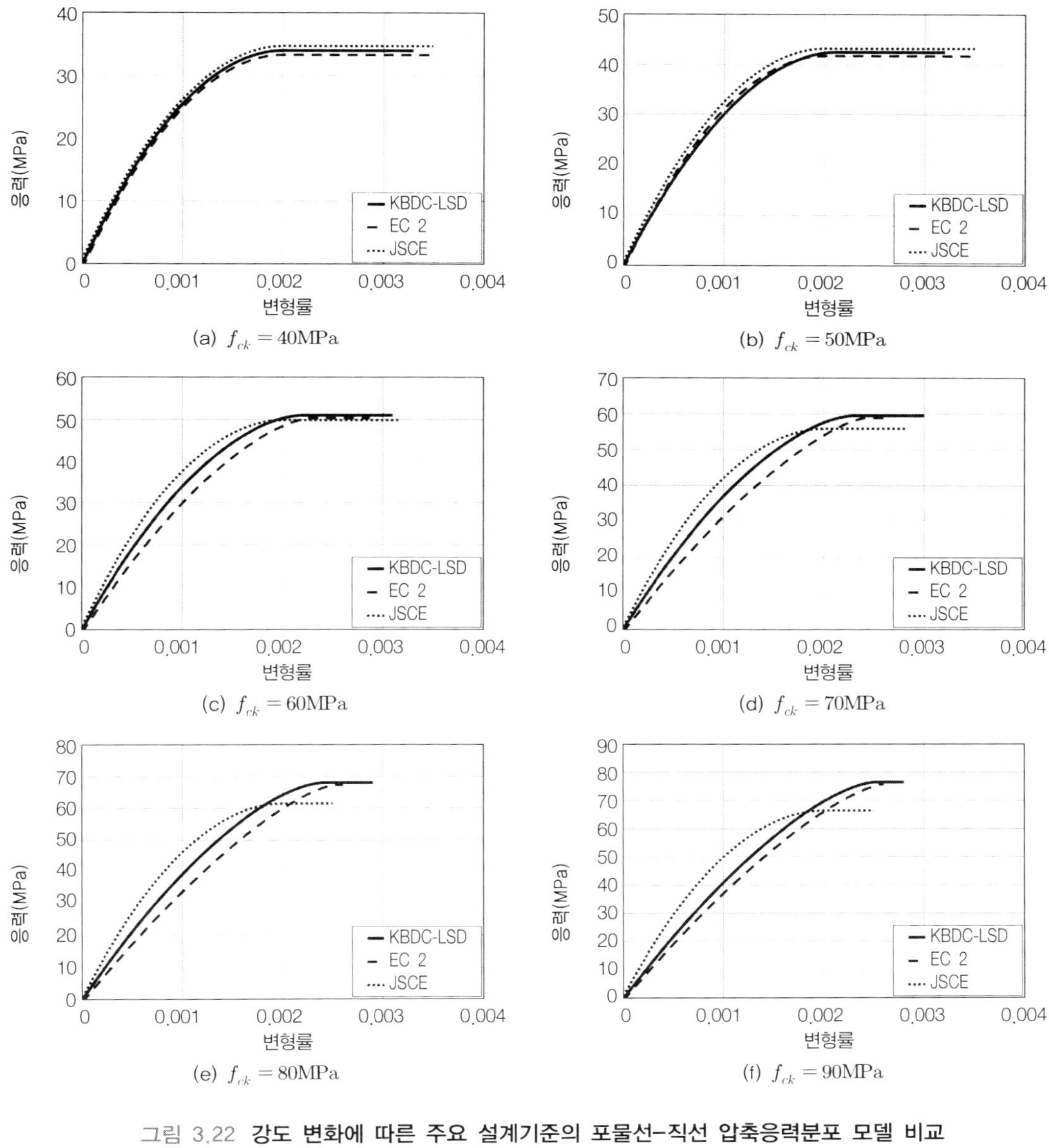

(a) $f_{ck}=40\text{MPa}$ (b) $f_{ck}=50\text{MPa}$ (c) $f_{ck}=60\text{MPa}$ (d) $f_{ck}=70\text{MPa}$ (e) $f_{ck}=80\text{MPa}$ (f) $f_{ck}=90\text{MPa}$

그림 3.22 **강도 변화에 따른 주요 설계기준의 포물선-직선 압축응력분포 모델 비교**

제 4 장 주요 설계기준의 안전계수 및 설계강도

4.1 안전계수 적용법

국내외의 콘크리트 구조설계기준에서는 안전한 구조설계를 위하여 부재계수 또는 재료계수를 사용하여 부재의 설계강도를 결정한다. 부재계수란 휨모멘트, 전단력, 축력, 비틀림모멘트 등 부재 수준의 파괴특성 및 연성능력에 따라 결정되는 일종의 저항계수로서, 콘크리트구조기준(KCI 2012) 및 ACI 318-11에서 사용하는 강도감소계수가 여기에 해당한다. 우리나라는 1983년 콘크리트표준시방서와 도로교표준시방서에서 강도설계법을 설계기준으로 채택한 이후, 지금까지 부재계수 방법을 콘크리트 구조설계에 사용해오고 있다. 이와 달리 Eurocode 2(2004), CSA-A23.3-04, 도로교설계기준 한계상태설계법(KBDC-LSD 2012) 등은 부재계수 대신 각 재료특성에 따라 정의되는 재료계수를 사용하여 콘크리트 부재의 설계강도를 결정한다. 한편, JSCE 2007의 경우 부재계수와 재료계수를 동시에 사용하여 부재 설계강도를 결정하고 있다.

위와 같이 부재 설계강도의 안전율을 확보하기 위하여 국내외 주요 설계기준에서 사용 중인 방법은 부재계수법과 재료계수법으로 양분할 수 있고, 이 장의 전 부분에 걸쳐 이들 용어를 사용하고 있다. 그러나 실제로 각 설계기준에서 사용하는 용어와 방법이 달라 설계자들이 혼동할 가능성이 있다. 따라서 원문에 근거하여 각 주요 설계기준에서 사용하는 방법과 용어를 표 4.1에 정리하였다.

표 4.1 **주요 설계기준별 안전계수 적용 방법**

구분	설계기준	원문 표기 용어	비고
부재계수법	콘크리트구조기준(2012)	강도감소계수	<1
	도로교설계기준 강도설계법(2010)	강도감소계수	<1
	ACI 318-11	Strength reduction factor	<1
재료계수법	도로교설계기준 한계상태설계법(2012)	재료저항계수	<1
	Eurocode 2 (2004)	Partial safety factor	>1
	CSA-A23.3-04	Material resistance factor	<1
혼용	JSCE(2007)	Member and material factors	>1

본 장에서는 국내외 주요 설계기준에서 휨-압축설계에 사용하고 있는 안전계수 적용 방법을 검토하였다. 또한 부재계수를 사용하는 콘크리트구조기준(2012) 및 ACI 318-11과 재료계수를 사용하는 도로교설계기준 한계상태설계법(2012)에 대하여, 부재 단면의 휨-압축 설계강도를 비교하고 각 방법에 의한 설계강도의 안전율을 분석하였다.

4.2 주요 설계기준의 안전계수

본 절에서는 국내외의 주요 설계기준에서 사용하는 부재계수 및 재료계수 방법을 소개한다.

4.2.1 콘크리트구조기준(2012)과 ACI 318-11

콘크리트구조기준(2012)과 ACI 318-11에서는 부재의 공칭강도(P_n 및 M_n)에 강도감소계수 ϕ를 곱하여 설계강도(ϕP_n 및 ϕM_n)를 결정하는 부재계수 방법을 채택하고 있다. 휨-압축을 받는 단면에 대하여 그림 4.1에 나타낸 바와 같이 순인장변형률 ε_t

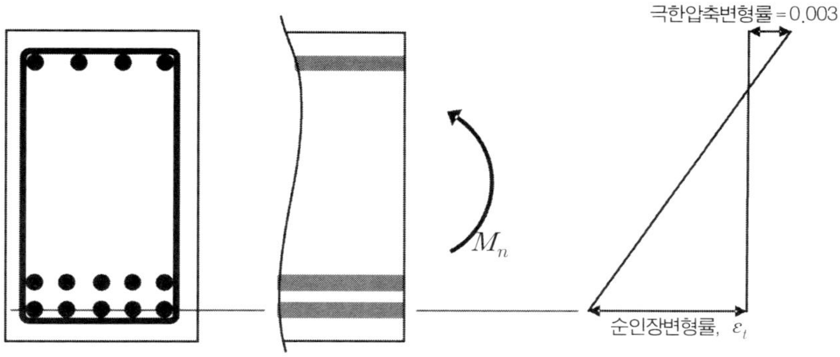

그림 4.1 **순인장변형률의 정의**

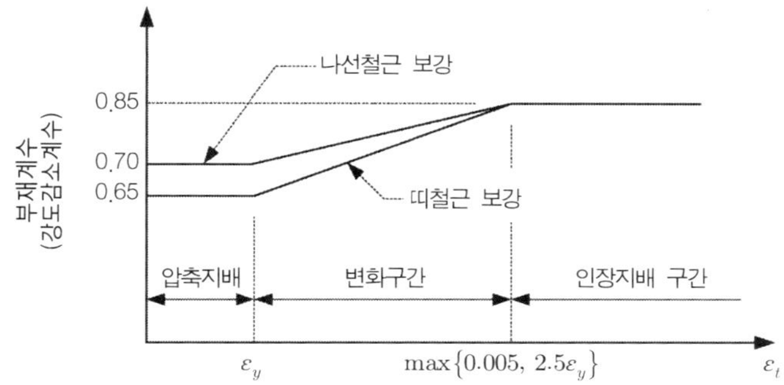

그림 4.2 **콘크리트구조기준(2012)의 휨-압축에 대한 부재계수(강도감소계수)**

(최외단 인장철근 또는 긴장재의 인장변형률에서 프리스트레스, 크리프, 건조수축, 온도변화에 의한 변형률을 제외한 인장변형률)를 기준으로 그림 4.2에 나타낸 바와 같이 압축지배 단면, 인장지배 단면, 변화구간 단면 등으로 구분하여 휨-압축에 대한 강도감소계수 ϕ를 규정한다. 콘크리트구조기준(2012)에서는 콘크리트의 최대 압축변형률이 극한변형률(=0.003)에 이르렀을 때 순인장변형률 ε_t가 인장지배 한계변형률(=0.005 또는 철근 항복강도가 400MPa을 초과하는 경우 철근 항복변형률의 2.5배) 이상인 단면을 인장지배 단면으로 규정하고, 순인장변형률이 압축지배 한계변형률(=철근 항복변형률)보다 작은 단면을 압축지배 단면으로 규정한다. 그리고 인장지배 한계변형률과 압축지배 한계변형률 사이를 변화구간 단면으로 규정한다.

그림 4.2와 표 4.2는 콘크리트구조기준(2012)와 ACI 318-11에서 규정하고 있는 압축지배, 인장지배, 변화구간 단면에 대한 부재계수 ϕ(또는 강도감소계수)를 보여준다. 인장지배 및 압축지배 구간의 부재계수는 횡철근 상세에 따라 일정한 값으로 규정되

고, 변화구간의 부재계수는 인장지배 및 압축지배 구간의 부재계수를 순인장변형률을 사용하여 직선보간한다. 콘크리트구조기준(2012)과 ACI 318-11에서 사용하는 부재계수는 원칙적으로 동일한 방법으로 정의되지만, 두 기준에서 채택하고 있는 휨-압축에 대한 부재계수의 값은 서로 다르다.

표 4.2 **콘크리트구조기준(2012) 및 ACI318-11의 휨-압축에 대한 부재계수(강도감소계수)**

단면 구분	순인장변형률 조건		부재계수(강도감소계수)	
	KCI 2012	ACI 318-11	KCI 2012	ACI 318-11
압축지배 단면	ε_y 이하	ε_y 이하	0.70(나선철근) 0.65(띠철근)	0.75(나선철근) 0.65(띠철근)
변화구간 단면	ε_y ~ 0.005 (또는 2.5 ε_y)	ε_y~0.005	0.70(0.65)~0.85	0.75(0.65)~0.90
인장지배 단면	0.005 이상 (f_y>400MPa인 경우 2.5ε_y 이상)	0.005 이상	0.85	0.90

휨 또는 휨-압축 공칭강도(P_n 및 M_n)는 원칙적으로 3장의 콘크리트 압축응력분포를 적용한 단면 해석으로 결정한다. 그러나 공칭압축강도 P_n의 최대값은 편심에 의한 우발적으로 발생할 수 있는 휨모멘트에 대비하여 이론적인 강도의 나선철근 압축부재의 경우 85% 또는 띠철근 압축부재의 경우 80%로 제한하고 있다.

4.2.2 CSA-A23.3-04

콘크리트구조기준(2012)과 달리, CSA-A23.3-04는 각 재료별로 1.0보다 작은 재료계수(material resistance factor)를 곱하여 재료 설계강도를 정의하고, 이를 적용한 단면 해석을 바탕으로 부재의 휨-압축 설계강도를 결정한다. 표 4.3은 CSA-A23.3-04에서 채택하고 있는 재료계수를 보여주는데, 콘크리트에 대하여 상대적으로 가장 작은 재료계수 ϕ_c =0.65(단, 공장에서 생산된 콘크리트의 경우 0.70)를 사용하고, 철근, 프리스트레싱 긴장재, 구조용 강재 등에 대하여 각각 ϕ_s =0.85, ϕ_p =0.90, ϕ_a =0.90 등 상대적으로 높은 재료계수를 적용한다.

표 4.3 CSA3-A23.3-04의 재료계수

재료 종류	콘크리트	철근 및 매입앵커	프리스트레싱 강선	구조용 강재
재료계수	$\phi_c=0.65$ (공장 레미콘 0.7)	$\phi_s=0.85$	$\phi_p=0.90$	$\phi_a=0.90$

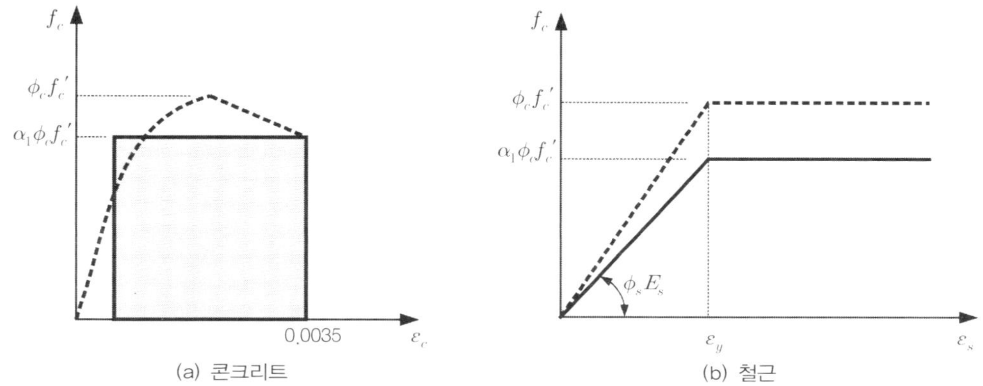

그림 4.3 CSA3-A23.3-04의 콘크리트 및 철근 응력-변형률 관계

그림 4.3(a)는 CSA-A23.3-04에서 규정하는 재료계수를 적용한 휨-압축 설계를 위한 콘크리트 설계압축응력을 보여주는데, 특성압축강도 f_c' 에 재료계수 ϕ_c 와 장기거동 및 하중조건을 고려하는 계수 α_1 을 곱하여 결정되는 설계압축강도($=\alpha_1\phi_c f_{ck}$)와 등가직사각형 응력블록을 사용한다. 그림 4.3(b)는 철근의 응력-변형률 관계를 보여주는데, 재료항복강도 f_y 에 재료계수 ϕ_s 를 곱하여 정의되는 설계항복강도($=\phi_s f_y$)와 탄성-완전소성 거동을 사용한다. 철근의 탄성계수 또한 재료계수 ϕ_s 에 의하여 감소된 값($=\phi_s E_s$)을 사용한다.

안전율이 고려된 휨 또는 휨-압축 설계강도(즉, ϕP_n 및 ϕM_n)는 원칙적으로 그림 4.3의 재료계수가 고려된 콘크리트 및 철근 응력분포에 대한 단면 해석으로 결정한다. 그러나 압축부재의 설계압축강도(ϕP_n) 최대값은 콘크리트구조기준(2012), ACI 318-11 등과 동일하게 편심에 의하여 우발적으로 발생할 수 있는 휨모멘트에 대비하여 재료계수를 포함해 계산된 이론 강도의 나선철근 압축부재의 경우 85% 또는 띠철근 압축부재의 경우 80%로 제한한다.

4.2.3 Eurocode 2

유럽연합의 통합 콘크리트구조기준인 Eurocode 2는 무근, 철근, 프리스트레스트 콘크리트 구조물(건물 및 토목구조물)의 설계를 위한 유럽공동체 법체계 중의 일부로서, 한계상태설계기준을 기본으로 하고 있다. CSA-A23.3-04와 유사하게 재료계수(또는 부분안전계수, partial safety factor for materials)를 적용하지만, Eurocode 2에서는 재료특성강도를 1.0보다 큰 재료계수로 나눈 값으로 결정되는 재료 설계강도를 사용하여 부재의 휨-압축 설계강도를 계산한다. 표 4.4는 Eurocode 2에서 극한한계상태에 대하여 권장하고 있는 콘크리트 재료계수 γ_c와 철근(프리스트레싱 강선 포함)의 재료계수 γ_s를 보여준다. 여기서 주의할 것은 이 값들은 Eurocode 2에서 권장하는 값(recommended values)일 뿐 각국의 여건에 따라 다른 값을 사용할 수 있다는 점이다. 이러한 값은 National Annex에 포함되어 있어야 한다.

표 4.4 Eurocode 2의 재료계수(부분안전계수, Partial safety factor)

재료 종류	콘크리트	철근 및 프리스트레싱 강선
재료계수	$\gamma_c = 1.5$	$\gamma_s = 1.15$

그림 4.4는 부재의 휨-압축 설계강도 계산에 사용하는 Eurocode 2의 대표적인 콘크리트와 철근의 응력-변형률 관계를 보여준다. 콘크리트의 설계압축강도 f_{cd}는 특성압축강도 f_{ck}를 재료계수 γ_c로 나눈 값($f_{cd} = \alpha_{cc} f_{ck} / \gamma_c$, 여기서 α_{cc}=장기하중이나 하중이 작용된 방식에 따른 불리한 환경을 고려한 계수로 0.8~1.0 사이의 값을 사용)으로 정의되고, 압축응력분포는 설계압축강도 f_{cd}를 최대 압축응력으로 하는 포물선-직사각형(그림 4.4(a) 참조) 응력분포를 사용한다. 그림 4.4(b)는 철근의 응력-변형률 관계를 보여주는데, 철근의 설계항복강도는 특성항복강도 f_{yk}를 재료계수 γ_s로 나눈 값으로 정의되고 탄성계수에 대해서는 재료계수를 사용하지 않는다. 철근의 항복 이후 거동은 변형률한계가 없는 탄성-완전소성 거동 또는 인장한계변형률 ε_{ud}까지 균일한 항복 이후 강성을 갖는 변형경화거동을 사용할 수 있다.

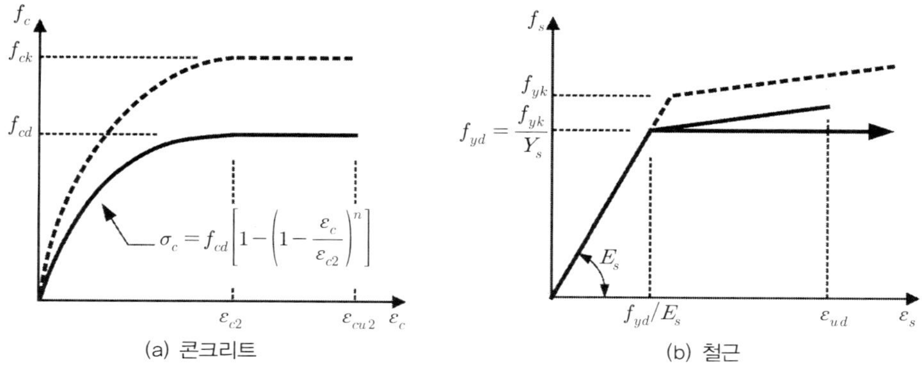

그림 4.4 **Eurocode 2의 콘크리트 및 철근 응력-변형률 관계**

안전율이 고려된 휨 또는 휨-압축 설계강도(즉, ϕP_n 및 ϕM_n)는 원칙적으로 그림 4.4의 재료계수가 고려된 콘크리트 및 철근 응력분포에 대한 단면해석으로 결정한다. 다만, 압축부재의 설계압축강도(ϕP_n) 최대값을 직접 제한하는 콘크리트구조기준(2012), ACI 318-11과 달리, Eurocode 2는 최소 편심 $e_{\min}$(=최소 단면치수의 1/30 또는 20mm 중 작지 않은 값)에 계수축하중(P_u)을 곱하여 계산되는 최소 모멘트 $M_{\min}$ ($=P\,e_{\min}$)을 의무적으로 고려하도록 규정함으로써 설계압축강도의 최대값을 간접적으로 제한한다.

4.2.4 JSCE(2007)

JSCE(2007)에서는 콘크리트구조기준(2012)에서 사용하는 부재계수(member factor) γ_b와 CSA-A23.3-04, Eurocode 2 등에서 사용하는 재료계수(material factor) γ_m를 동시에 고려한다. 그림 4.5는 JSCE(2007)에 규정된 재료 및 부재계수를 사용하여 부재 설계강도를 구하는 과정을 보여주는데, 재료계수 γ_m를 사용하여 감소시킨 재료 설계강도 f_d를 사용한 단면 해석으로부터 부재 단면의 휨-압축 저항 $R(f_d)$를 계산한 다음, 부재 파괴특성에 따라 규정된 부재계수 γ_b로 나누어 최종 설계강도 R_d ($=R(f_d)/\gamma_b$)를 결정한다. 표 4.5는 JSCE(2007)에서 사용하는 극한한계상태에 대한 재료계수 γ_m와 부재계수 γ_b를 보여준다. 콘크리트, 철근(프리스트레싱 강선), 기타 강재에 대한 재료계수로서 각각 γ_m =1.3, 1.0, 1.05를 사용하고, 압축과 휨 또는 압축에 대한 부재계수로서 각각 γ_b=1.3 및 1.1을 사용한다. Eurocode 2와 동일하게 1.0보다 큰 재료계수를 사용하고 있지만, 부재계수의 적용을 고려하여 Eurocode 2보다 상대적으로 작은 재료계수값을 사용한다. 또한 압축에 더하여 상대적으로 큰 부재계수를 사용함으로써 압축부재에서 편심에 의하여 우발적으로 발생 가능한 휨모멘트에 대비하고 있다.

재료특성강도	➡	재료설계강도	➡	단면 해석	➡	부재설계강도
f_k		$f_d = \frac{f_k}{Y_m}$		$R(f_d)$		$R_d = \frac{R(f_d)}{Y_b}$
		재료계수 Y_m				부재계수 Y_b

그림 4.5 **JSCE(2007)의 부재 설계강도 평가 방법**

표 4.5 **JSCE(2007)의 재료계수 및 부재계수**

재료 종류	재료계수 γ_m			부재계수 γ_b	
	콘크리트	철근 및 프리스트레싱 강선	기타 강재	압축	휨, 휨-압축
계수	1.3	1.0	1.05	1.3	1.1

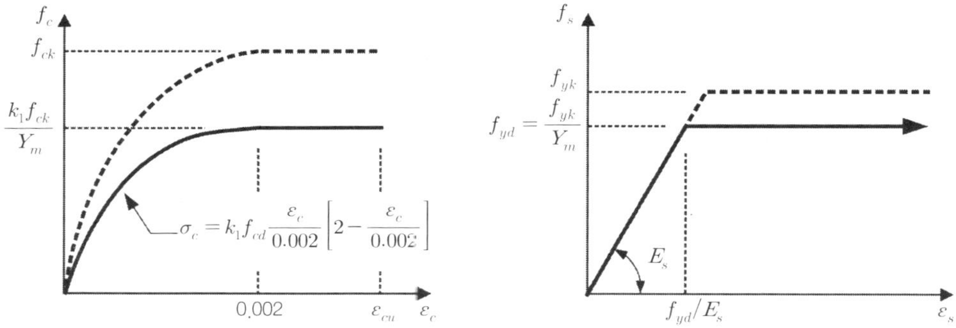

(a) 콘크리트 (b) 철근

그림 4.6 **JSCE(2007)에 규정된 콘크리트 및 철근의 응력-변형률 관계**

그림 4.6은 JSCE(2007)에서 규정하고 있는 콘크리트와 철근의 응력-변형률 관계를 보여준다. JSCE(2007)은 원칙적으로 Eurocode 2와 유사하게 콘크리트는 포물선-직사각

형 압축응력분포를 사용하도록 규정하고 있지만, 휨이 작용되는 경우 직사각형 등가 압축응력블록 또한 사용할 수 있다. 철근의 경우 특성항복강도를 재료계수로 나눈 값으로 정의되는 설계항복강도와 탄성-완전소성 관계를 사용하고, 철근의 탄성계수에 대해서는 재료계수를 적용하지 않는다.

JSCE 2007은 설계압축강도(즉, ϕP_n) 최대값에 대한 별도의 제한규정 없이, 그림 4.5에 나타낸 바와 같이 재료계수 γ_m을 적용하여 계산되는 이론적인 최대 압축강도를 부재계수 γ_b로 나눈 값을 그대로 사용한다.

4.2.5 국내의 한계상태법 설계기준

우리나라의 콘크리트구조 한계상태설계법의 대표 기준이라 할 수 있는 도로교설계기준의 한계상태설계법(KBDC-LSD 2012)은 재료계수 방법을 사용하여 부재의 휨-압축 설계강도를 평가한다. 표 4.6은 도로교설계기준 한계상태설계법(2012)에서 규정하고 있는 재료계수를 보여주는데, 콘크리트와 철근(프리스트레싱 강재 포함)에 대하여 각각 ϕ_c =0.65, ϕ_s =0.95의 재료계수를 사용한다. 다만, 재료계수는 하중조합에 따라 달라질 수 있고, 충분한 품질관리에 의해 보증할 수 있다면 주어진 값을 증가시킬 수 있도록 허용하고 있다. 한편, 도로교설계기준 한계상태설계법(2012)에 대한 차기 개정 작업에서, 철근(프리스트레싱 강재 포함)에 대한 재료계수를 ϕ_s =0.90으로 개정할 것을 결정하였다.

그림 4.7은 도로교설계기준 한계상태설계법(2012)의 재료계수가 고려된 콘크리트와 철근의 응력-변형률 관계를 보여준다. 콘크리트는 포물선-직사각형의 압축응력분포를 사용하고, 콘크리트의 설계압축강도는 $f_{cd}=\phi_c\,(0.85 f_{ck})$로 정의된다(그림 4.7(a) 참조). 여기서 ϕ_c는 재료계수이고, 0.85는 장기하중과 편심하중을 받는 휨-압축 부재의 유효계수로서 휨-압축이 아닌 경우 1.0의 값을 사용한다. 그림 4.7(b)는 철근의 응력-변형률 관계를 보여주는데, 재료계수를 사용하여 감소시킨 설계항복강도 $f_{yd}\,(=\phi_s f_y)$를 사용하는 탄성-완전소성 거동을 사용하고, 탄성계수의 경우 별도의 재료계수를 사용하지 않는다.

도로교설계기준 한계상태설계(2012)에서는 Eurocode 2와 유사하게 최소 편심 $e_0\,(=$

최소 단면치수의 1/30 또는 20mm 중 작지 않은 값)에 계수 축하중을 곱하여 계산되는 최소 휨모멘트를 의무적으로 고려하도록 규정함으로써 설계압축강도의 최대값을 간접적으로 제한한다.

표 4.6 **도로교설계기준 한계상태설계법(2012)의 재료계수(극한하중조합 1~4)**

재료 종류	콘크리트 ϕ_c	철근 또는 프리스트레스 강재 ϕ_s
재료계수	0.65	0.95 (개정안에서 0.90으로 개정 예정)

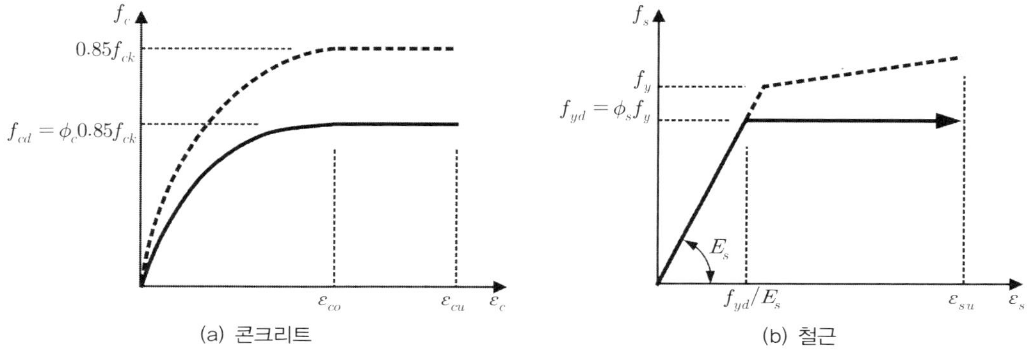

그림 4.7 **도로교설계기준 한계상태설계법(2012)의 응력-변형률 관계**

4.3 부재계수 및 재료계수 적용 방법 비교

본 장에서는 부재계수 방법을 사용하는 콘크리트구조기준(2012) 및 ACI 318-11과 재료계수 방법을 사용하는 도로교설계기준 한계상태설계법(KBDC-LSD 2012)을 사용하여 평가한 부재 단면의 휨 및 압축 설계강도의 안전율을 비교하였다. 휨에 대한 등가저항계수 ϕ(또는 안전율)는 다음과 같이 정의할 수 있다.

$$\phi = \frac{M_{design}}{M_n} \tag{4.1}$$

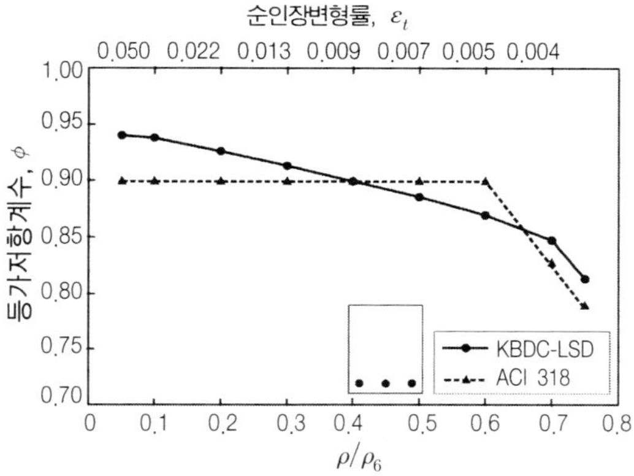

그림 4.8 **인장철근비 변화에 따른 등가저항계수**

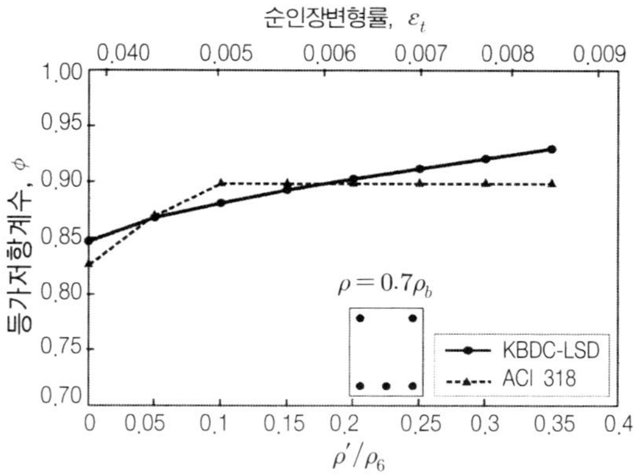

그림 4.9 **압축철근비 변화에 따른 등가저항계수**

여기서, M_{design} 은 부재계수 또는 재료계수를 사용하여 결정된 부재 단면의 설계휨강도이고, M_n 은 부재계수와 재료계수를 고려하지 않고 결정된 부재 단면의 공칭휨강도를 나타낸다.

그림 4.8과 4.9는 ACI 318-11과 도로교설계기준 한계상태설계법(KBDC-LSD 2012)을 사용하여 평가한 휨에 대한 등가저항계수(안전율)의 변화를 보여준다. 휨에 대하여 일정한 강도감소계수를 적용하는 ACI 318-11은 인장철근비(ρ) 또는 압축철근비(ρ')에 관계없이 거의 일정한 등가저항계수 ϕ를 보였다. 비록 ACI 318-11에서는 인장철근비가 균형철근비의 75%에 가깝거나 또는 압축철근비가 0.01보다 작은 경우 강도감소계수를 인위적으로 보정하고 있지만, 실제 휨설계가 이루어지는 대부분의 인장철근비 및 압축철근비 영역에서는 파괴특성 및 연성능력과 관계없이 거의 일정한 안전율을 갖는 것으로 나타났다. 반면에 재료계수를 사용하는 KBDC-LSD 2012에서는 인장철근비(ρ)가 증가하거나 압축철근비(ρ')가 줄어들수록 취성재료인 압축대 콘크리트의 영향이 커지므로, 휨모멘트에 대한 등가저항계수 ϕ가 점진적으로 감소하는 경향을 보였다. 이는 재료계수 방법이 휨부재에서 재료특성과 부재 연성에 따른 안전율의 변화를 합리적으로 고려하고 있음을 가리킨다.

그림 4.10과 4.11은 콘크리트구조기준(2012), ACI 318-11, 도로교설계기준 극한강도설계법(KBDC-USD 2010), 도로교설계기준 한계상태설계법(KBDC-LSD 2012) 등을 사용하여 평가한 부재 압축강도에 대한 안전율의 변화를 보여준다. 압축에 대한 등가저항계수 ϕ는 다음과 같이 정의된다.

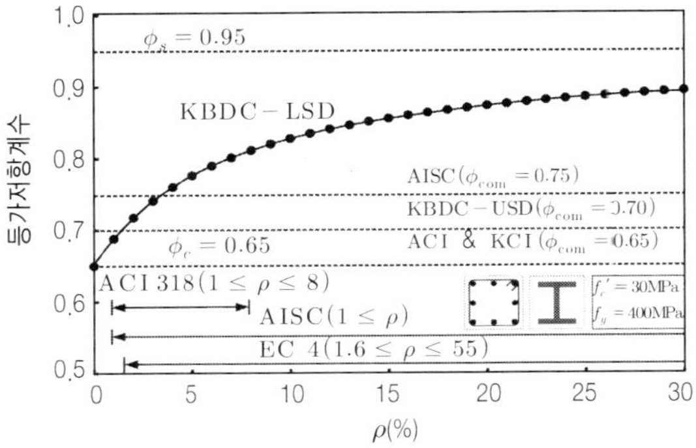

그림 4.10 **철근비 변화에 따른 등가저항계수**

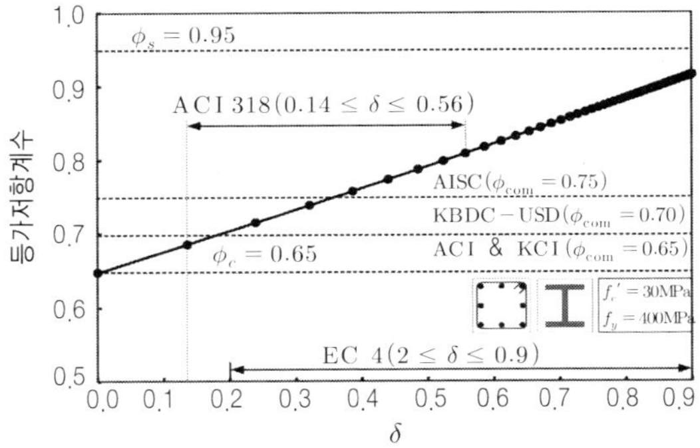

그림 4.11 δ **변화에 따른 등가저항계수**

$$\phi = \frac{P_{design}}{P_n} \tag{4.2}$$

여기서, P_{design}는 부재계수 또는 재료계수를 사용하여 결정된 부재 단면의 설계압축강도이고, P_n은 부재계수와 재료계수를 고려하지 않고 결정된 공칭압축강도를 가리킨다.

그림 4.10과 4.11에 나타낸 바와 같이 부재계수를 사용하는 콘크리트구조기준(2012), 도로교설계기준 극한강도설계(KBDC-USD 2010), ACI 318-11에서는 철근비에 관계없이 동일한 부재계수를 사용하므로 동일한 등가저항계수를 갖는 것으로 나타났다. 하지만 재료계수를 적용하는 도로교설계기준 한계상태설계법(KBDC-LSD 2012)은 철근비가 증가할수록 연성 재료인 철근의 영향이 커지므로 설계압축강도의 안전율을 나타내는 등가저항계수 ϕ가 점진적으로 증가하였다. 취성재료인 콘크리트로만 구성된 경우 등가저항계수는 콘크리트의 재료계수 0.65와 동일하고, 철근비가 증가함에 따라 등가저항계수는 철근의 재료계수 0.95에 가까워진다.

그림 4.12는 콘크리트구조기준(KCI 2012)과 도로교설계기준 한계상태설계법(KBDC-LSD 2012)을 사용하여 계산한 휨-압축을 동시에 받는 부재 단면의 공칭강도와 설계강도를 보여준다. 재료저항계수를 사용하는 도로교설계기준 한계상태설계법(2012)은 압축력이 감소할수록 취성적인 콘크리트의 영향이 감소하는 반면 연성적인 철근의 영향이 증가한다. 그 결과 그림 4.12(b)의 P-M 상관도에 나타낸 바와 같이 식 (4.1)로부터 정의되는 휨에 대한 등가저항계수가 0.657로부터 0.942까지 점진적으로 증가하였다.

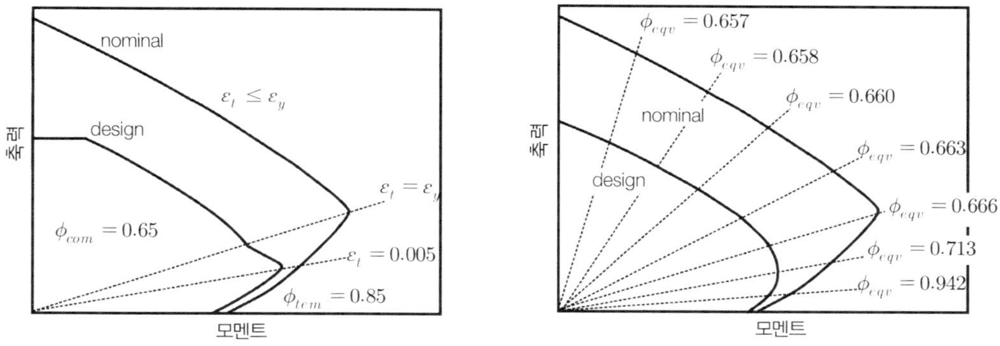

(a) 콘크리트구조기준(2012) (b) 도로교설계기준 한계상태설계법(2012)

그림 4.12 **P-M 상관도**

반면, 부재저항계수를 사용하는 콘크리트구조기준(2012)은 단면 순인장변형률 $\varepsilon_t = 0.005$ 및 ε_y를 기준으로 각각 압축지배(취성) 및 인장지배(연성) 구간으로 구분하여 별도의 부재계수를 적용하고, 변화구간에서는 압축지배 구간 및 인장지배 구간의 부재계수를 직선보간하여 적용한다. 그 결과 그림 4.12(a)에 나타낸 P-M 상관도 상의 인장지배 영역에서 설계휨강도가 급격히 변화하는 구간이 발생하였다.

제 5 장 주요 설계기준의 철근비 제한

5.1 보 부재

5.1.1 콘크리트구조기준(2012), 도로교설계기준(2010), ACI 318-11

(1) 최대 철근량

종래의 콘크리트 구조설계기준들(KCI 2003 이하, ACI 318-01 이하, 도로교설계기준 2005 이하)에서는 균형철근비 ρ_b에 대한 비율로서 휨부재의 최대 철근비를 규정하였다. 그러나 균형철근비를 사용하여 최대 휨인장 철근량을 제한하는 기존의 방식은 T형 또는 박스형 단면 등과 같이 폭이 두 가지 이상인 부재 단면에 대하여 최대 철근비를 결정하는 데 모호한 점이 있었다. 따라서 ACI 318-05 및 콘크리트구조기준(2007)에서는 최외단 인장철근의 순인장변형률 ε_t (그림 4.1 참조) 최소 허용한계를 규정하여 휨부재의 최대 철근량을 간접적으로 제한하는 방법으로 변경하였다. 순인장변형률 ε_t의 한계를 규정할 경우, 복철근 단면이나 T형 단면에서 압축철근, 단면폭의 변화 등의 영향을 고려하여 최대 철근량을 제한할 수 있다.

프리스트레스를 가하지 않은 휨부재 또는 휨모멘트와 축력을 동시에 받는 부재로서 계수축력이 $0.10 f_{ck} A_g$ 보다 작은 경우, 공칭축강도 상태에 있어서 순인장변형률 ε_t는 휨부재의 최소 허용변형률 이상이어야 한다. 휨부재의 최소 허용변형률은 철근 항복변형률의 2배 이상의 값을 갖도록 하여 단면의 파괴 때 철근의 항복을 보장하기 위한 것으로, 철근의 항복강도가 400MPa 이하인 경우 0.004이고 철근의 항복강도가 400MPa을 초과하는 경우 철근 항복변형률의 2배이다. 종래의 설계기준에서는 균형철근비 ρ_b의 75%를 최대 철근량을 규정하였는데, 종래의 최대 철근비 $0.75\rho_b$를 항복강도 400MPa 철근의 순인장변형률로 환산할 경우 $\varepsilon_t = 0.00367$로서 철근 항복변형률($\varepsilon_y = 0.002$)의 1.83배에 해당한다. 표 5.1은 철근의 설계기준 항복강도에 따른 휨부재의 최소 허용변형률과 해당 철근비를 균형철근비에 대한 비율로 나타낸 것이다. 표 5.1에 나타낸 바와 같이 순인장변형률의 최소 허용변형률을 0.004로 규정하여 휨부재의 최대 철근량을 제한하는 현행 콘크리트구조기준(2012) 및 ACI 318-11은 종래의 기준들(KCI 2003 이하, ACI 318-01 이하, 도로교설계기준 2005 이하)에 비하여 다소 보수적이다.

표 5.1 **휨부재의 최소 허용변형률 및 해당 철근비**

철근의 설계기준 항복강도	휨부재 허용값	
	최소 허용변형률	해당 철근비
300MPa	0.004	$0.643\rho_b$
350MPa	0.004	$0.679\rho_b$
400MPa	0.004	$0.714\rho_b$
500MPa	$0.005(=2\varepsilon_y)$	$0.688\rho_b$

(2) 최소 철근량

휨인장 철근을 매우 적게 배치한 휨부재의 경우 휨균열과 동시에 철근파단이 발생하여 취성파괴가 나타날 수 있으므로, 이를 방지하기 위하여 휨인장에 대한 최소 철근량 제한이 필요하다. 콘크리트구조기준(2012)에서는 휨인장 철근을 다음의 두 식에 의해 계산된 값 중에서 큰 값 이상으로 배치하도록 규정하고 있다. 이 식들은 철근콘크리트 단면으로 계산된 설계휨강도가 무근 콘크리트 단면으로 가정하여 탄성이론으로 계산한 균열모멘트보다 크게 되기 위한 철근량을 구한 것이다. 이때의 단면은 직사각형과 T형을 대상으로 하였고, T형 단면에 대한 값으로 이 수식들의 계수가 결정되었다.

$$A_{s.\min} = \frac{0.25\sqrt{f_{ck}}}{f_y} b_w d \tag{5.1}$$

$$A_{s.\min} = \frac{1.4}{f_y} b_w d \tag{5.2}$$

여기서, $A_{s.\min}$ =휨인장에 대한 최소철근량, b_w =단면 복부의 폭, d =단면 유효깊이이다. 단면 해석 결과 인장보강이 요구되는 휨부재의 모든 단면에 대하여 식 (5.1)과 (5.2)로부터 결정되는 최소 철근량 이상으로 휨인장 철근을 배치해야 한다. 식 (5.2)는 원래 항복강도 280MPa급의 철근에 대하여 0.005 이상의 최소 철근비를 확보하기 위해 ACI에서 채택된 규정이다. 그러나 콘크리트의 압축강도가 35MPa 이상인 경우에는 이 식만으로 충분하지 않다. 따라서 콘크리트의 압축강도가 31MPa을 초과하면 콘크리트의 압축강도를 고려하여 식 (5.1)의 최소 철근비 규정이 추가되었다.

5.1.2 CSA-A23.3-04

(1) 최대 철근량

CSA-A23.3-04에서는 식 (5.3)과 같이 휨부재 단면의 중립축 깊이(c) 대비 유효깊이(d)의 비율(즉, c/d)의 상한값을 제한하여 휨인장 철근의 항복을 유도하고 있다. 이는 콘크리트구조기준(2012) 및 ACI 318-11에서 순인장변형률 ε_t를 사용하여 휨부재의 최대 철근량을 제한하는 규정과 유사하다.

$$\frac{c}{d} \leq \frac{700}{700 + f_y} \tag{5.3}$$

기둥과 벽체에서 c/d가 이 상한값을 초과할 경우, 인장철근의 응력은 변형률 적합조건을 이용하여 구할 수 있다.

(2) 최소 철근량

CSA-A23.3-04에서는 휨부재의 공칭휨강도가 균열모멘트 M_{cr}에 안전계수 1.2를 곱한 값보다 작지 않도록 제한함으로써 간접적으로 휨부재의 최소 철근량을 제한한다.

$$M_r \geq 1.2\,M_{cr} \tag{5.4}$$

다만, 실무자의 편의를 위하여 슬래브와 기초를 제외한 휨부재에 대하여 다음 식을 사용하여 최소 철근량을 결정할 수 있도록 규정하고 있다.

$$A_{s,\min} = \frac{0.2\sqrt{f_c'}}{f_y} b_t h \tag{5.5}$$

여기서, h =단면 깊이, b_t =인장 영역의 단면폭으로 플랜지가 인장인 T형 보에서 복부 한쪽에만 플랜지가 있는 경우 $b_t < 1.5b_w$를 사용하고 복부 양쪽에 플랜지가 있는 경우 $b_t < 2.5b_w$를 사용한다.

5.1.3 Eurocode 2

(1) 최대 철근량

휨부재에 대하여 Eurocode 2에서 제안하는 인장 또는 압축철근의 최대 철근량 $A_{s,\max}$은 다음과 같다.

$$A_{s,\max} = 0.04A_c \tag{5.6}$$

여기서, A_c =휨부재 단면적이다. 겹침이음된 부위에 대해서는 최대 철근량을 $0.08A_c$로 증가시킬 수 있다.

식 (5.6)과 별도로 Eurocode 2에서는 단면의 배근상세에 따라 허용되는 휨모멘트 재분배 크기를 다음과 같이 제한하는데, 이에 따라 인장철근의 최대 철근량이 결정된다.

$$\delta \geq 0.44 + 1.25\left(0.6 + \frac{0.0014}{\varepsilon_{cu2}}\right)\frac{x_u}{d} \qquad \text{for } f_{ck} \leq 50\,\text{MPa} \tag{5.7}$$

$$\delta \geq 0.54 + 1.25\left(0.6 + \frac{0.0014}{\varepsilon_{cu2}}\right)\frac{x_u}{d} \qquad \text{for } f_{ck} > 50\,\text{MPa} \tag{5.8}$$

여기서, δ =구조해석할 때의 탄성모멘트 대비 재분배된 휨모멘트의 비, x_u =단면의 중립축 깊이, d =단면 유효깊이이다. 식 (5.7)과 (5.8)에 보는 바와 같이 단면에 휨인장철근이 과배근되어 x_u/d 가 커지는 경우, 모멘트 재분배 비 δ 가 1.0보다 커져 휨모멘트 재분배가 제한되고 탄성모멘트에 대한 설계만 허용된다. 따라서 휨모멘트 재분배를 고려한 설계를 수행하고자 하는 경우, 식 (5.7)과 (5.8)은 단면에 배근이 가능한 인장철근의 최대 철근량을 제한하는 역할을 한다. 참고로 압축철근을 추가하면 극한상태에서의 중립축의 깊이가 작아져서 연성이 증가하므로 인장철근의 최대 철근량이 증가하는 효과가 있다.

(2) 최소 철근량

휨부재의 취성파괴 방지 및 균열제어를 위하여, Eurocode 2는 휨인장 최소 철근량을 다음과 같이 제한한다.

$$A_{s,\min} = 0.26\frac{f_{ctm}}{f_{yk}}b_t d \geq 0.0013 b_t d \tag{5.9}$$

여기서, f_{ctm} =콘크리트 인장강도, f_{yk} =철근 특성항복강도, b_t =인장 영역의 평균단면폭으로 플랜지가 압축상태인 T형 단면의 경우 복부폭으로 산정한다.

식 (5.9)는 균열 발생과 동시에 철근에 응력이 집중되어 인장철근파단에 의한 취성파괴를 방지하기 위한 것으로, 다음과 같이 유도할 수 있다. 사각형 단면 보의 균열모멘트는 다음과 같다.

$$M_{cr} = \frac{f_{ctm}bh^2}{6} \tag{5.10}$$

여기서, b 및 h =사각형 보 단면의 너비와 깊이이다. 극한한계상태에서 철근 인장항복에 의한 균열단면의 휨강도는 다음과 같다.

$$M_u = f_{yk}A_s z \tag{5.11}$$

여기서, A_s =휨인장 철근의 단면적, z =보 단면의 인장력 및 압축력 사이의 거리이다. 균열이 발생할 때 인장철근의 휨항복을 방지하기 위해서는 $M_u \geq M_{cr}$ 을 만족해야 하므로, 식 (5.10)과 (5.11)로부터 인장철근량 A_s 는 다음과 같이 정리할 수 있다.

$$A_s \geq \frac{1}{6}\frac{f_{ctm}}{f_{yk}}\frac{bh^2}{z} = \frac{1}{6}\frac{f_{ctm}}{f_{yk}}\left(\frac{h}{d}\right)^2\frac{d}{z}bd \tag{5.12}$$

안전측으로 $h/d \approx 1.1$ 및 $d/z \approx 1.25$를 가정하여 식 (5.12)를 다음과 같이 정리할 수 있다.

$$A_s \geq 0.25 \frac{f_{ctm}}{f_{yk}} bd \tag{5.13}$$

식 (5.13)은 사각형 단면에 대한 최소 철근량으로서, 사각형 이외의 단면에 대하여 0.25 계수를 0.26으로 보정한다.

5.1.4 JSCE(2007)

(1) 최대 철근량

JSCE(2007)에서는 콘크리트의 압괴로 인한 취성파괴를 방지하기 위하여, 균형철근비의 75%를 휨부재의 최대 철근비로 구정하고 있다.

$$p_s \leq 0.75 p_b \tag{5.14}$$

여기서, p_s =휨부재 단면에 배치된 인장철근비, p_b =균형철근비로서 그림 4.6(a)에 나타낸 포물선-직사각형의 콘크리트 압축응력분포를 사용할 경우 다음과 같다.

$$p_b = \alpha \frac{\varepsilon_{cu}'}{\varepsilon_{cu}' + f_{yd}/E_s} \frac{f_{cd}'}{f_{yd}} \tag{5.15}$$

$$\alpha = 0.88 - 0.004 f_{ck}' \leq 0.68 \tag{5.16}$$

(2) 최소 철근량

JSCE(2007)에서는 30MPa 이하의 일반강도 콘크리트와 350MPa급의 일반강도 철근을 사용하는 경우에 대하여 다음과 같은 최소 철근량을 규정한다.

$$A_s \geq 0.002 A_c \tag{5.17}$$

T형 단면의 경우에는 아래 식에 의해 계산된 값 이상의 철근량을 배치하도록 규정하고 있다.

$$A_s \geq 0.003 A_{c,eff} \tag{5.18}$$

여기서, $A_{c,eff}$는 유효깊이 d와 복부폭 b_w의 곱으로 계산된다.

만약 고강도 콘크리트를 사용할 경우 다음 식을 사용하여 최소 철근비를 결정한다.

$$p_{\min} = 0.058\left(\frac{h}{d}\right)^2 \frac{f_c'^{2/3}}{f_{sy}} \tag{5.19}$$

5.1.5 도로교설계기준 한계상태설계법(2012)

(1) 최대 철근량

도로교설계기준 한계상태설계(2012)에서는 중립축 깊이의 최대값을 제한하여 휨부재의 최대 철근량을 간접적으로 제한하고 있다. 극한한계상태에서 중립축 깊이가 식 (5.20) 이하가 되도록 인장철근(또는 긴장재) 단면적을 제한하거나 압축철근 단면적을 증가시켜야 한다.

$$c_{\max} = \left(\frac{\delta \varepsilon_{cu}}{0.0033} - 0.6\right) d \tag{5.20}$$

여기서, $c_{\max}$ =극한한계상태에서의 최대 허용중립축 깊이, δ =모멘트 재분배 후의 계수휨모멘트/탄성 휨모멘트 비율로서 모멘트를 재분배하지 않는 경우에는 1.0을 사용, d =단면의 유효깊이, ε_{cu} =콘크리트의 극한변형률이다.

(2) 최소 철근량

도로교설계기준 한계상태설계법(2012)의 최소 철근량 규정은 콘크리트구조기준(2012)과 동일하다.

5.2 기둥 부재

5.2.1 콘크리트구조기준(2012), 도로교설계기준(2010), ACI 318-11

(1) 최대 철근량

콘크리트구조기준(2012) 및 ACI 318-11에서는 압축부재의 축방향 주철근 단면적은 전체 단면적 A_g의 0.08배 이하로 배치하도록 규정한다. 다만, 축방향 주철근이 겹침이음되는 경우의 철근비는 0.04를 초과하지 않도록 해야 한다. 도로교설계기준 극한강도설계(2010)의 경우 압축부재의 축방향 철근량은 기둥 전체 단면적의 6% 이하이어야 한다. 이러한 휨-압축 부재의 최대 철근비 규정은 경제성과 콘크리트 타설의 요구사항을 고려하여 결정된 값이다.

(2) 최소 철근량

철근은 우발적으로 부재에 작용할 수 있는 휨에 대한 저항성을 제공하고, 지속적인 압축응력을 받을 때, 콘크리트의 크리프와 건조수축의 영향을 감소시키기 위하여 필요하다. 실험에 의하면, 크리프와 건조수축은 시간에 따라 콘크리트의 응력을 철근으로 옮기려는 경향을 나타내어 결과적으로 철근의 응력을 증가시키는데, 이러한 장기거동에 의한 철근의 응력 증가는 철근비가 감소할수록 더 크다. 철근비가 지나치게 낮을 경우 콘크리트의 크리프와 건조수축에 의하여 지속사용하중으로 인한 증가된 철근응력이 항복강도에 도달할 우려가 있다. 도로교설계기준 극한강도설계(2010)와 콘크리트구조기준(2012)에서는 축방향 주철근의 단면적이 전체 부재 단면적의 0.01배 이상 확보되도록 규정하고 있다.

5.2.2 CSA-A23.3-04

CSA-A23.3-04는 압축부재의 축방향 주철근 단면적이 전체 단면적 A_g의 0.01배 이상 0.08배 이하로 배치하도록 규정하고 있다. 또한 겹침이음 영역에서도 주철근의 단면적은 $0.08A_g$를 초과할 수 없다.

5.2.3 Eurocode 2

Eurocode 2에서는 휨-압축 부재에 배치된 주철근의 면적은 부재 총단면적의 0.04배를 초과할 수 없다. 다만, 겹침이음된 부위에서 주철근의 단면적을 $0.08A_c$까지 허용한다. 주철근의 최소 철근량은 다음과 같다.

$$A_{s,\min} = \max\left\{\frac{0.10N_{Ed}}{f_{yd}}, 0.002A_c\right\} \tag{5.21}$$

5.2.4 JSCE(2007)

(1) 최대 철근량

압축부재의 축방향 주철근 단면적은 A_c의 0.06배 이하로 제한한다. 여기서, A_c (minimum concrete area)는 작용하는 압축력에 저항하는 데 필요한 최소 콘크리트 단면적으로, 다음 식으로 계산된다.

$$A_c = \frac{\gamma_i \gamma_b N_d'}{0.005f_{yd}' + 0.85f_{cd}'} \tag{5.22}$$

여기서, γ_i=구조물계수로서 대부분의 경우 1.0을 사용하고, γ_b=부재계수, N_d'=압축력에 의한 축방향 설계압축응력, f_{yd}'=축방향 주철근의 설계항복강도, f_{cd}'=콘크리트의 설계압축강도이다.

(2) 최소 철근량

JSCE(2007)에서는 규정하는 휨-압축 부재의 최소 철근량은 다음과 같다.

$$A_s \geq 0.008A_c \tag{5.23}$$

실제 콘크리트 단면적이 A_c보다 클 경우에도 철근을 실제 콘크리트 단면적의 0.15% 이상 배치해야 하며, 이는 건조수축, 온도에 의해 발생하는 균열의 폭을 제어하기 위해서이다.

5.2.5 도로교설계기준 한계상태설계법(2012)

(1) 최대 철근량

비합성 철근콘크리트 기둥의 축방향 긴장재 및 철근은 다음 식을 만족하는 최대 단면적 이하로 배치해야 한다.

$$\frac{A_s}{A_g}+\frac{A_{ps}f_{pu}}{A_g f_y}\le 0.08 \tag{5.24}$$

$$\frac{A_{ps}f_{pe}}{A_g f_{ck}}\le 0.3 \tag{5.25}$$

여기서, A_s =겹침이음된 철근을 포함한 모든 철근의 총 단면적, A_g =기둥의 단면적, A_{ps} =프리스트레싱 강재의 단면적, f_{pu} =프리스트레싱 강재의 설계인장강도, f_y =축방향 철근의 설계기준항복강도, f_{ck} =콘크리트의 설계기준압축강도, f_{pe} =프리스트레싱 강재의 유효긴장응력이다.

기존의 설계기준에서는 철근콘크리트 압축부재에 대한 축방향 철근의 단면적을 부재 단면적의 0.08배 이하로 규정하였다. 이러한 제한은 경제성과 콘크리트 타설의 요구사항을 고려한 실질적인 상한선으로 간주되어 왔으며, 축방향 철근의 겹침이음까지 고려한 제한이다. 그러나 휨-압축 부재로서의 기둥은 축력과 휨모멘트에 대하여 저항하는 구조요소이므로 단순히 단면적에 대한 비율로 제한하는 방식보다는 콘크리트 압축강도와 철근의 항복강도를 고려하는 방식이 합리적이다. 따라서 식 (5.24) 및 (5.25)는 콘크리트 압축강도, 철근 인장강도, 프리스트레싱 긴장재의 영향 등을 고려할 수 있는 최대 철근량의 규정이다. 단, 프리스트레싱 긴장재가 없는 경우(A_{ps} =0) 실질적으로 도로교설계기준 한계상태설계법의 최대 철근량 제한은 콘크리트구조기준(2012) 및 ACI 318-11과 동일하다.

(2) 최소 철근량

비합성 철근콘크리트 기둥의 축방향 긴장재 및 철근은 다음 식을 만족하는 최소 단면적 이상으로 배치한다.

$$\frac{A_s f_y}{A_g f_{ck}} + \frac{A_{ps} f_{pu}}{A_g f_{ck}} \geq 0.135 \tag{5.26}$$

여기서, A_s =겹침이음 위치가 아닌 일반 단면에서의 축방향 철근 단면적이다.

콘크리트구조기준(2012), ACI 318-11 등 주요 설계기준에서는 철근콘크리트 압축부재에 대한 축방향 철근의 단면적을 부재 단면적의 0.01배 이상으로 규정하였다. 그러나 단순히 단면적에 대한 비율로 제한하는 방식은 재료강도의 변수를 고려하지 못한다. 또한 구조설계에서 기둥의 크기가 주로 휨에 의하여 결정되기 때문에 콘크리트 압축강도와 철근의 항복강도를 고려하는 것이 합리적이다. 따라서 도로교설계기준 한계상태설계법(2012)는 콘크리트 압축강도, 철근 항복강도, 프리스트레싱 긴장재의 영향을 포함하는 최소 철근비 규정을 제시하였다. 프리스트레싱 긴장재가 없고(A_{ps} =0) 콘크리트 압축강도와 철근 항복강도가 각각 400MPa 및 30MPa인 경우, 도로교설계기준 한계상태설계법(2012)에 의한 최소 철근비는 0.01에 해당한다.

제 6 장 공칭강도 및 설계강도 비교

6.1 공칭강도 및 설계강도 해석 방법

이 장에서는 국내외 주요 설계기준으로 해석한 보 부재 및 기둥 부재의 공칭강도와 설계강도를 비교·분석하였다. 도로교설계기준 한계상태설계법(2012), Eurocode 2, JSCE는 포물선-직선 형태의 콘크리트 압축응력분포를 사용하여 해석하였고, 여기서 Eurocode 2의 α_{cc} 계수는 0.85를 적용하였다. 재료계수법을 적용하고 있는 도로교설계기준 한계상태설계법(2012), Eurocode 2, CSA-A23.3-04와 부재계수법과 재료계수법을 혼용하여 적용하고 있는 JSCE(2007)는 공칭강도 개념이 불필요한 설계법이다. 하지만 공칭강도 비교를 위해, 이 설계기준은 안전계수를 적용하지 않은 상태에서 해석한 결과를 공칭강도로 간주하였다. 최대 편심에 대해서는 설계기준마다 고려하는 방법이 다르기 때문에 비교·분석 대상에서 제외하였다.

6.2 보 부재

이 절에서는 국내외 주요 설계기준으로 해석한 보(휨부재)의 공칭강도와 설계강도를 콘크리트 압축강도, 철근 인장강도, 인장철근비, 그리고 압축철근비 변화에 따라 비교하였다.

6.2.1 콘크리트 압축강도 변화에 따른 강도 비교

각각의 설계기준으로 계산된 공칭강도 및 설계강도를 비교하기 위한 단면은 다음과 같다.

- 단면 제원 : $b=300$ mm, $h=600$ mm, $d=540$mm인 단철근 직사각형 단면
- 콘크리트 압축강도 : $f_{ck}=20$, 40, 60, 80MPa
- 철근 항복강도 : $f_y=400$MPa
- 인장철근비 : $\rho=0.015$

각각의 설계기준으로 계산된 공칭강도 및 설계강도는 표 6.1에 나타냈다.

표 6.1 **콘크리트 압축강도 변화에 따른 주요 설계기준의 휨강도**

설계기준	공칭강도(kN · m) ($M_n/M_{n,f_{ck}=20\text{MPa}}$)				설계강도(kN · m) ($M_d/M_{d,f_{ck}=20\text{MPa}}$)				ϕ			
	20MPa	40MPa	60MPa	80MPa	20MPa	40MPa	60MPa	80MPa	20MPa	40MPa	60MPa	80MPa
KBDC LSD	440 (1.00)	491 (1.12)	507 (1.15)	515 (1.17)	373 (1.00)	444 (1.19)	467 (1.25)	477 (1.28)	0.85	0.90	0.92	0.93
KCI 2012	443 (1.00)	492 (1.11)	509 (1.15)	517 (1.17)	347 (1.00)	419 (1.21)	433 (1.25)	440 (1.27)	0.78	0.85	0.85	0.85
CSA	439 (1.00)	489 (1.11)	505 (1.15)	513 (1.17)	347 (1.00)	401 (1.16)	420 (1.21)	429 (1.24)	0.79	0.82	0.83	0.84
Eurocode	440 (1.00)	491 (1.12)	506 (1.15)	512 (1.16)	356 (1.00)	414 (1.16)	431 (1.21)	438 (1.23)	0.81	0.84	0.85	0.85
JSCE	440 (1.00)	491 (1.12)	506 (1.15)	512 (1.16)	360 (1.00)	415 (1.15)	431 (1.20)	438 (1.21)	0.82	0.84	0.85	0.85

공칭강도는 설계기준에 상관없이 1% 이하의 차이를 나타내고 있으며, 콘크리트 압축강도가 20MPa에서 80MPa로 증가함에 따라 공칭강도가 16~17% 증가하는 것을 알 수 있다. 설계강도는 콘크리트 압축강도가 20MPa에서 80MPa로 증가함에 따라 21~28% 증가하는 것을 알 수 있다.

그림 6.1에는 주요 설계기준의 등가저항계수를 비교하여 나타냈다. 여기서 등가저항계수는 4장의 식 (4.1)과 같다. 콘크리트 압축강도가 증가함에 따라 연성이 증가하는 것이 반영되어 모든 설계기준의 등가저항계수는 콘크리트 압축강도가 증가함에 따라 증가하는 것을 알 수 있다. 재료계수법을 적용하고 있는 도로교설계기준 한계상태설계법(2012), Eurocode 2, CSA-A23.3-04와 부재계수법과 재료계수법을 혼용하여 적용하고 있는 JSCE(2007)는 콘크리트 압축강도가 증가함에 따라 등가저항계수가 비교적 서서히 증가하는 것을 알 수 있다. 반면, 부재계수법을 적용하고 있는 콘크리트구조기준(2012)은 20~40MPa 사이의 콘크리트 압축강도에서 변화구간 단면에 해당하여 0.85 이하의 등가저항계수를 나타내고 있다. 그리고 40MPa 이상의 콘크리트 압축강도에서는 인장지배 단면에 해당하여 0.85로 일정한 등가저항계수를 나타내고 있다. 도로교설계기준 한계상태설계법(2012)은 콘크리트 압축강도에 상관없이 가장 큰 등가저항계수를 나타내고 있으며, CSA-A23.3-04는 가장 작은 등가저항계수를 나타내고 있다. Eurocode 2, JSCE(2007)는 서로 유사한 등가저항계수를 나타내고 있다.

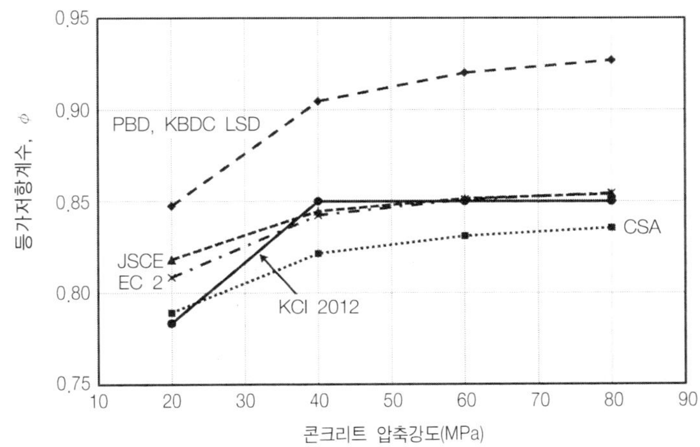

그림 6.1 **콘크리트 압축강도 변화에 따른 주요 설계기준의 등가저항계수 비교**

6.2.2 철근 항복강도 변화에 따른 강도 비교

각각의 설계기준으로 계산된 공칭강도 및 설계강도를 비교하기 위한 단면은 다음과 같다.

(a) 단면 제원 : b =300mm, h =600mm, d =540mm인 단철근 직사각형 단면

(b) 콘크리트 압축강도 : f_{ck} =30MPa

(c) 철근 항복강도 : f_y =300, 400, 500, 600MPa

(d) 인장철근비 : ρ =0.012

각각의 설계기준으로 계산된 공칭강도 및 설계강도는 표 6.2에 나타냈다. 공칭강도는 설계기준에 상관없이 1% 이하의 차이를 나타내고 있으며, 철근 항복강도가 300MPa에서 600MPa로 증가함에 따라 공칭강도가 84~85% 증가하는 것을 알 수 있다. 설계강도는 철근 항복강도가 300MPa에서 600MPa로 증가함에 따라 77~85% 증가하는 것을 알 수 있다.

표 6.2 **철근 항복강도 변화에 따른 주요 설계기준의 휨강도**

설계기준	공칭강도(kN · m) ($M_n/M_{n,f_y=300\text{MPa}}$)				설계강도(kN · m) ($M_d/M_{d,f_y=300\text{MPa}}$)				ϕ			
	300MPa	400MPa	500MPa	600MPa	300MPa	400MPa	500MPa	600MPa	300MPa	400MPa	500MPa	600MPa
KBDC LSD	288 (1.00)	375 (1.30)	456 (1.58)	532 (1.85)	264 (1.00)	339 (1.28)	406 (1.54)	466 (1.77)	0.92	0.90	0.89	0.88
KCI 2012	289 (1.00)	376 (1.30)	458 (1.58)	535 (1.85)	246 (1.00)	320 (1.30)	389 (1.58)	455 (1.85)	0.85	0.85	0.85	0.85
CSA	288 (1.00)	374 (1.30)	455 (1.58)	530 (1.84)	239 (1.00)	307 (1.29)	370 (1.55)	427 (1.79)	0.83	0.82	0.81	0.80
Eurocode	289 (1.00)	375 (1.30)	456 (1.58)	533 (1.85)	245 (1.00)	315 (1.29)	380 (1.55)	440 (1.79)	0.85	0.84	0.83	0.83
JSCE	289 (1.00)	375 (1.30)	456 (1.58)	533 (1.85)	245 (1.00)	316 (1.29)	382 (1.56)	443 (1.81)	0.85	0.84	0.84	0.83

그림 6.2에는 주요 설계기준의 등가저항계수를 비교하여 나타냈다. 철근 항복강도가 증가함에 따라 연성이 감소하는 것이 반영되어 콘크리트구조기준(2012)을 제외한

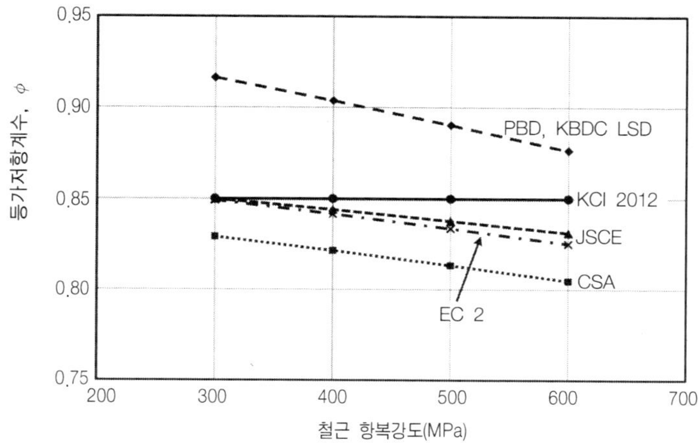

그림 6.2 **철근 항복강도 변화에 따른 주요 설계기준의 등가저항계수 비교**

모든 설계기준의 등가저항계수는 철근 항복강도가 증가함에 따라 감소하는 것을 알 수 있다. 재료계수법을 적용하고 있는 도로교설계기준 한계상태설계법(2012), Eurocode 2, CSA-A23.3-04와 부재계수법과 재료계수법을 혼용하여 적용하고 있는 JSCE(2007)는 철근 항복강도가 증가함에 따라 등가저항계수가 비교적 서서히 감소하는 것을 알 수 있다. 반면, 부재계수법을 적용하고 있는 콘크리트구조기준(2012)은 철근 항복강도에 상관없이 0.85로 일정한 등가저항계수를 나타내고 있다. 도로교설계기준 한계상태설계법(2012)은 철근 항복강도에 상관없이 가장 큰 등가저항계수를 나타내고 있으며, CSA-A23.3-04는 가장 작은 등가저항계수를 나타내고 있다. Eurocode 2, JSCE(2007)는 서로 유사한 등가저항계수를 나타내고 있다.

6.2.3 인장철근비 변화에 따른 강도 비교

각각의 설계기준으로 계산된 공칭강도 및 설계강도를 비교하기 위한 단면은 다음과 같다.

(a) 단면 제원 : b =300 mm, h =600mm, d =540mm인 단철근 직사각형 단면

(b) 콘크리트 압축강도 : f_{ck} =30MPa

(c) 철근 항복강도 : f_y =400MPa

(d) 인장철근비 : $\rho = 0.05\rho_b$, $0.25\rho_b$, $0.5\rho_b$, $0.714\rho_b$

(여기서, ρ_b : 콘크리트구조기준(2012)에 의한 균형철근비)

각각의 설계기준으로 계산된 공칭강도 및 설계강도는 표 6.3에 나타냈다. 공칭강도는 인장철근비가 $0.05\rho_b$에서 $0.714\rho_b$로 증가함에 따라 11.7배 이상으로 증가하고, 설계기준 간에는 2% 이하의 비교적 적은 차이를 나타내고 있다. 설계강도는 인장철근비가 $0.05\rho_b$에서 $0.714\rho_b$로 증가함에 따라 10.6~11.2배로 증가하는 것을 알 수 있다.

표 6.3 **인장철근비 변화에 따른 주요 설계기준의 휨강도**

설계기준	공칭강도(kN · m) ($M_n/M_{n,\rho=0.05\rho_b}$)				설계강도(kN · m) ($M_d/M_{d,\rho=0.05\rho_b}$)				ϕ			
	$0.05\rho_b$	$0.25\rho_b$	$0.50\rho_b$	$0.714\rho_b$	$0.05\rho_b$	$0.25\rho_b$	$0.50\rho_b$	$0.714\rho_b$	$0.05\rho_b$	$0.25\rho_b$	$0.50\rho_b$	$0.714\rho_b$
KBDC LSD	55 (1.00)	262 (4.74)	487 (8.82)	651 (11.8)	52 (1.00)	241 (4.61)	431 (8.26)	553 (10.6)	0.94	0.92	0.88	0.85
KCI 2012	55 (1.00)	262 (4.75)	489 (8.86)	656 (11.9)	47 (1.00)	223 (4.75)	416 (8.86)	520 (11.1)	0.85	0.85	0.85	0.79
CSA	55 (1.00)	261 (4.73)	485 (8.79)	648 (11.7)	47 (1.00)	217 (4.65)	393 (8.41)	511 (10.9)	0.85	0.83	0.81	0.79
Eurocode	55 (1.00)	262 (4.74)	487 (8.83)	652 (11.8)	48 (1.00)	223 (4.66)	405 (8.46)	528 (11.0)	0.87	0.85	0.83	0.81
JSCE	55 (1.00)	262 (4.74)	487 (8.82)	652 (11.8)	48 (1.00)	223 (4.68)	407 (8.54)	534 (11.2)	0.86	0.85	0.84	0.82

그림 6.3에는 주요 설계기준의 등가저항계수를 비교하여 나타냈다. 인장철근비가 증가함에 따라 연성이 감소하는 것이 반영되어 모든 설계기준의 등가저항계수는 인장철근비가 증가함에 따라 감소하는 것을 알 수 있다. 재료계수법을 적용하고 있는 도로교설계기준 한계상태설계법(2012), Eurocode 2, CSA-A23.3-04와 부재계수법과 재료계수법을 혼용하여 적용하고 있는 JSCE(2007)는 인장철근비가 증가함에 따라 등가저항계수가 비교적 서서히 감소하는 것을 알 수 있다. 반면, 부재계수법을 적용하고 있는 콘크리트구조기준(2012)은 $0.5\rho_b$~$0.714\rho_b$ 사이의 인장철근비에서 변화구간 단면에 해당하여 0.85 이하의 등가저항계수를 나타내고 있으며, $0.5\rho_b$ 이하의 인장철근비에서는 인장지배 단면에 해당하여 0.85로 일정한 등가저항계수를 나타내고 있다. 도로교설계

기준 한계상태설계법(22012)은 인장철근비에 상관없이 가장 큰 등가저항계수를 나타내고 있으며, CSA-A23.3-04는 가장 작은 등가저항계수를 나타내고 있다. Eurocode 2, JSCE(2007)는 서로 유사한 등가저항계수를 나타내고 있다.

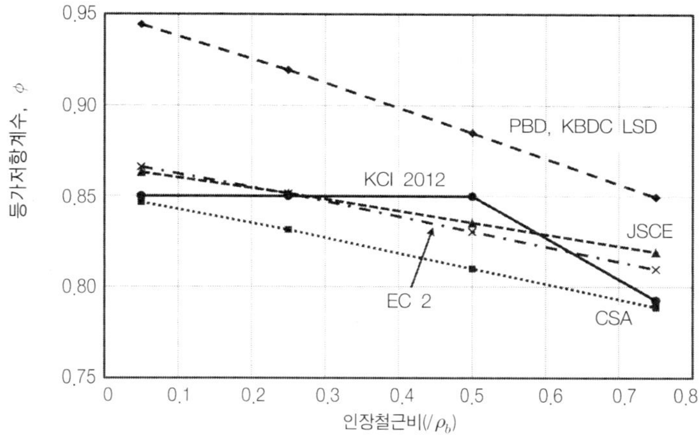

그림 6.3 **인장철근비 변화에 따른 주요 설계기준의 등가저항계수 비교**

6.2.4 압축철근비 변화에 따른 강도 비교

각각의 설계기준으로 계산된 공칭강도 및 설계강도를 비교하기 위한 단면 변수는 다음과 같다.

(a) 단면 제원 : b =300mm, h =600mm, d =540mm, d' =60mm 인 복철근 직사각형 단면

(b) 콘크리트 압축강도 : f_{ck} =30MPa

(c) 철근 항복강도 : f_y =400MPa

(d) 인장철근비 : $\rho = 0.714\rho_b$

(여기서, ρ_b : 콘크리트구조기준(2012)에 의한 균형철근비)

(e) 압축철근비 : $\rho' = 0.00\rho_b$, $0.05\rho_b$, $0.15\rho_b$, $0.25\rho_b$

(여기서, ρ_b : 콘크리트구조기준(2012)에 의한 균형철근비)

각각의 설계기준으로 계산된 공칭강도 및 설계강도는 표 6.4에 나타냈다. 공칭강도는 설계기준에 상관없이 1% 이하의 차이를 나타내고 있으며, 압축철근비가 $0.00\rho_b$에서 $0.25\rho_b$로 증가함에 따라 공칭강도가 7~8% 증가하는 것을 알 수 있다. 설계강도는 압축철근비가 $0.00\rho_b$에서 $0.25\rho_b$로 증가함에 따라 12~16% 증가하는 것을 알 수 있다.

표 6.4 **압축철근비 변화에 따른 주요 설계기준의 휨강도**

설계기준	공칭강도(kN · m) ($M_n/M_{n,\rho'=0.00\rho_b}$)				설계강도(kN · m) ($M_d/M_{d,\rho'=0.00\rho_b}$)				ϕ			
	$0.00\rho_b$	$0.05\rho_b$	$0.15\rho_b$	$0.25\rho_b$	$0.00\rho_b$	$0.05\rho_b$	$0.15\rho_b$	$0.25\rho_b$	$0.00\rho_b$	$0.05\rho_b$	$0.15\rho_b$	$0.25\rho_b$
KBDC LSD	651 (1.00)	664 (1.02)	686 (1.05)	703 (1.08)	553 (1.00)	575 (1.04)	611 (1.10)	640 (1.16)	0.85	0.87	0.89	0.91
KCI 2012	656 (1.00)	668 (1.02)	689 (1.05)	703 (1.07)	520 (1.00)	549 (1.05)	586 (1.13)	598 (1.15)	0.79	0.82	0.85	0.85
CSA	648 (1.00)	661 (1.02)	684 (1.06)	702 (1.08)	511 (1.00)	528 (1.03)	557 (1.09)	580 (1.13)	0.79	0.80	0.81	0.83
Eurocode	652 (1.00)	665 (1.02)	687 (1.05)	704 (1.08)	528 (1.00)	544 (1.03)	573 (1.08)	595 (1.13)	0.81	0.82	0.83	0.85
JSCE	652 (1.00)	665 (1.02)	687 (1.05)	704 (1.08)	534 (1.00)	549 (1.03)	575 (1.08)	596 (1.12)	0.82	0.83	0.84	0.85

그림 6.4에는 주요 설계기준의 등가저항계수를 비교하여 나타냈다. 압축철근비가 증가함에 따라 연성이 증가하는 것이 반영되어 모든 설계기준의 등가저항계수는 압축철근비가 증가함에 따라 증가하는 것을 알 수 있다. 재료계수법을 적용하고 있는 도로교설계기준 한계상태설계법(2012), Eurocode 2, CSA-A23.3-04와 부재계수법과 재료계수법을 혼용하여 적용하고 있는 JSCE(2007)는 인장철근비가 증가함에 따라 등가저항계수가 비교적 서서히 증가하는 것을 알 수 있다. 반면, 부재계수법을 적용하고 있는 콘크리트구조기준(2012)은 $0.00\rho_b$~$0.15\rho_b$ 사이의 압축철근비에서 변화구간 단면에 해당하여 0.85 이하의 등가저항계수를 나타내고 있으며, $0.15\rho_b$ 이상의 압축철근비에서는 인장지배 단면에 해당하여 0.85로 일정한 등가저항계수를 나타내고 있다. 도로교설계기준 한계상태설계법(2012)은 압축철근비에 상관없이 가장 큰 등가저항계수를 나타내고 있으며, CSA-A23.3-04는 가장 작은 등가저항계수를 나타내고 있다. Eurocode 2, JSCE(2007)는 서로 유사한 등가저항계수를 나타내고 있다.

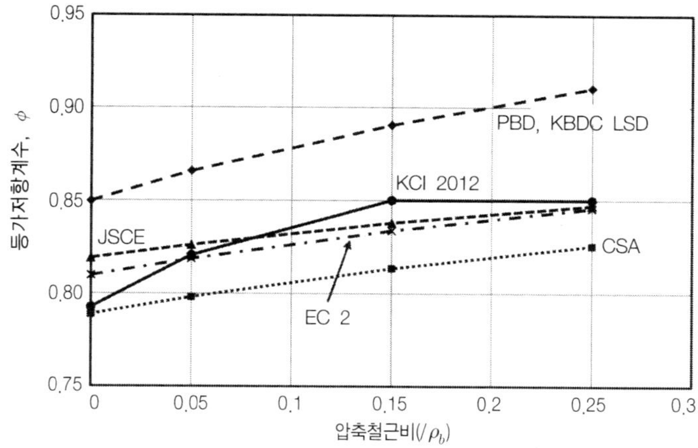

그림 6.4 **압축철근비 변화에 따른 주요 설계기준의 등가저항계수 비교**

6.3 기둥 부재

이 절에서는 국내외 주요 설계기준으로 해석한 기둥(휨-압축 부재)의 공칭강도와 설계강도를 콘크리트 압축강도와 철근 인장강도 변화에 따라 비교하였다.

6.3.1 콘크리트 압축강도 변화에 따른 강도 비교

각각의 설계기준으로 계산된 공칭강도 및 설계강도를 비교하기 위한 단면은 다음과 같다.

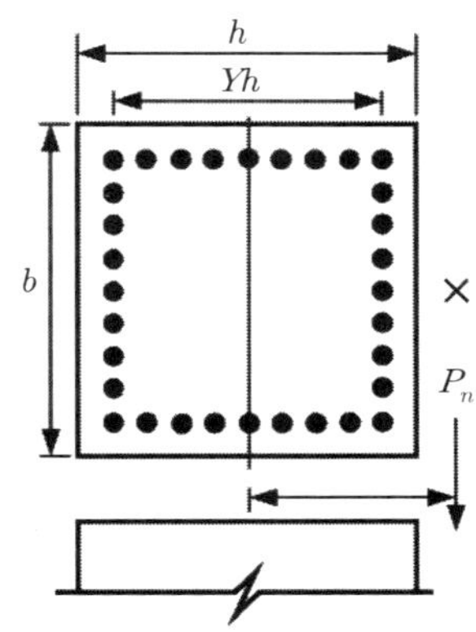

(a) b, $h = 1{,}000$ mm

(b) $\gamma = 0.8$

(c) 콘크리트 압축강도 : $f_{ck} = 30$, 80MPa

(d) 철근 항복강도 : $f_y = 400$MPa

(e) 철근비 : $\rho = 2\%$

(f) 횡방향 철근 : 띠철근

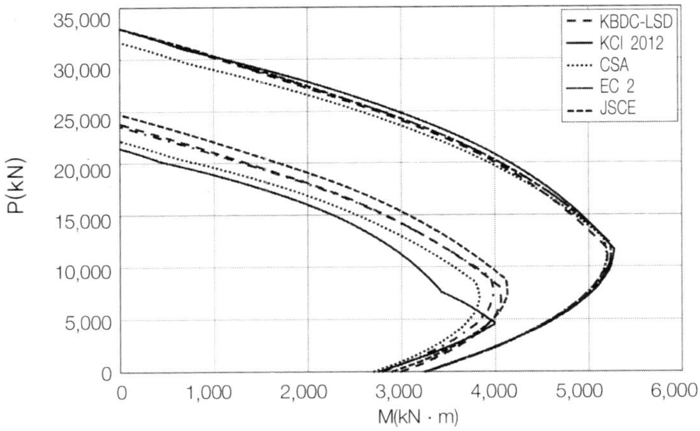

(a) f_{ck} =30MPa

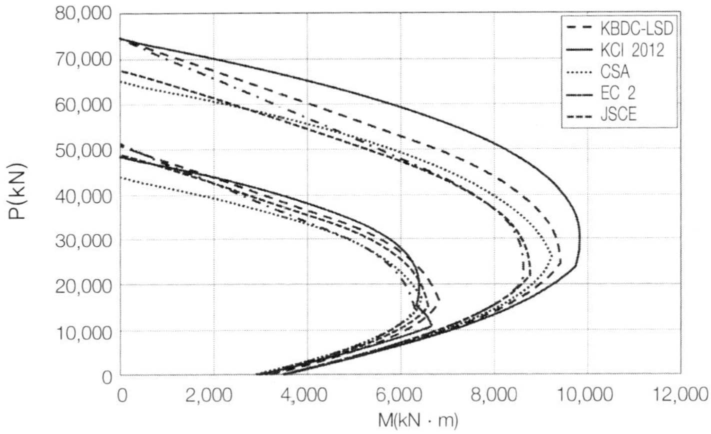

(b) f_{ck} =80MPa

그림 6.5 **콘크리트 압축강도 변화에 따른 주요 설계기준의 P-M 상관도**

각각의 설계기준으로 계산된 공칭강도 및 설계강도는 그림 6.5에 나타냈다. 30MPa의 보통강도 콘크리트를 적용한 단면은 주요 설계기준으로 해석한 공칭강도값이 유사하게 나타났다. 반면, 80MPa의 고강도 콘크리트를 적용한 단면은 콘크리트구조기준(2012)으로 해석한 공칭강도값이 다른 설계기준의 해석결과보다 크게 나타났다. 이는 3.2.1절에서 언급했듯이 콘크리트구조기준(2012)의 등가직사각형 압축응력분포가 콘크리트 압축강도에 상관없이 일정한 α_1값을 제시하고 있기 때문이다. 30MPa의 일반강도 콘크리트를 적용한 단면은 콘크리트구조기준(2012)으로 해석한 설계강도가 다른 설계기준으로 해석한 설계강도보다 작게 나타났다. 4.3절에서 언급했듯이 재료계수를 적용할 경우 등가저항계수를 점진적으로 변화시키는 반면, 부재계수를 적용하는 콘크리트구조기준(2012)은 압축지배 구간에서 0.65(또는 0.70)의 일정한 부재계수를 적용하고 있다. 일반적으로 압축지배 구간의 0.65(또는 0.70)의 부재계수는 재료계수에 의한 등가저항계수보다 작기 때문에, 공칭강도가 유사할 경우에는 콘크리트구조기준(2012)으로 해석한 설계강도가 작게 나타나게 된다. 80MPa의 고강도 콘크리트를 적용한 단면은 콘크리트구조기준(2012)으로 해석한 공칭강도가 다른 설계기준으로 해석한 공칭강도보다 크기 때문에 설계강도는 모든 설계기준의 해석결과가 유사하게 나타난 것을 알 수 있다.

6.3.2 철근 항복강도 변화에 따른 강도 비교

각각의 설계기준으로 계산된 공칭강도 및 설계강도를 비교하기 위한 단면 변수는 다음과 같다.

(a) b, h =1,000 mm

(b) γ =0.8

(c) 콘크리트 압축강도 : f_{ck} =50MPa

(d) 철근 항복강도 : f_y =400, 600MPa

(e) 철근비 : ρ =2 %

(f) 횡방향 철근 : 띠철근

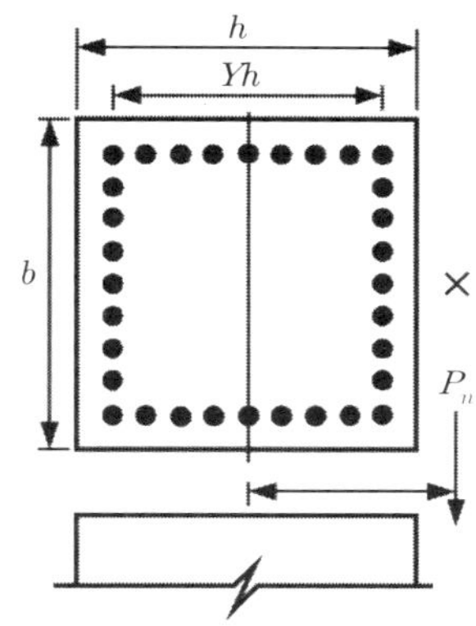

압축부재 주철근으로 일반강도 철근을 사용할 경우 그림 6.6과 같이 일반강도 철근의 항복변형률은 콘크리트의 일축강도(최대 응력)일 때의 극한변형률과 유사하여 콘크리트가 일축강도에 도달할 때 철근은 이미 항복한 상태에 있게 된다. 이를 반영하여 콘크리트구조기준(2012)과 JSCE에서는 압축부재의 설계축강도를 각각 식 (6.1)과 (6.2)로 계산하도록 규정하고 있다. 이 식에서 철근은 항복하는 것으로 간주하여 철근의 응력으로 항복응력을 적용하도록 규정하고 있다.

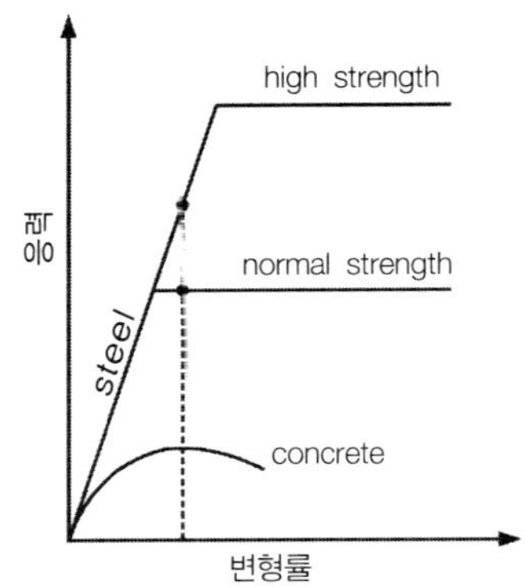

그림 6.6 **철근과 콘크리트의 응력–변형률분포**

$$\phi P_{n(\max)} = 0.85\phi[0.85 f_{ck}(A_g - A_{st}) + f_y A_s] \quad (6.1)$$

$$N_{oud}' = (k_1 f_{cd}' A_c + f_{yd}' A_{st})/\gamma_b \quad (6.2)$$

그림 6.6의 고강도 철근과 같이 철근의 항복변형률이 콘크리트의 일축강도(최대 응력)일 때의 극한변형률을 초과하게 되면 철근은 항복강도를 모두 발휘할 수 없게 된다. 도로교설계기준 한계상태설계법(2012)과 Eurocode 2에서는 일축강도(최대 응력)일 때의 극한변형률을 규정하고 있으므로, 철근의 항복변형률과 콘크리트의 일축강도(최대 응력)일 때의 극한변형률을 비교하여 철근의 항복 유무를 판단할 수 있다. 그리고 철근의 항복 유무를 바탕으로 압축부재의 축강도를 결정하게 된다.

각각의 설계기준으로 계산된 공칭강도 및 설계강도를 나타낸 그림 6.7에서 알 수 있듯이 항복강도 600MPa의 고강도 철근이 배치된 단면의 경우 도로교설계기준 한계상태설계법(2012)과 Eurocode 2는 순수압축을 받는 상태에 가까워짐에 따라 축강도가 거의 증가하지 않는 경향을 나타내고 있다. 이는 항복강도 600MPa의 고강도 철근을 배치한 단면에서 철근의 항복변형률이 콘크리트의 일축강도(최대 응력)일 때의 극한변형률보다 크기 때문에 순수압축을 받는 상태에 가까워짐에 따라 철근의 항복 없이 콘크리트가 최대 응력에 도달하게 되기 때문이다. 콘크리트구조기준(2012)으로 해석한 설계강도는 6.3.1절의 해석결과와 유사하게 다른 설계기준으로 해석한 설계강도보다 작게 나타난 것을 알 수 있다.

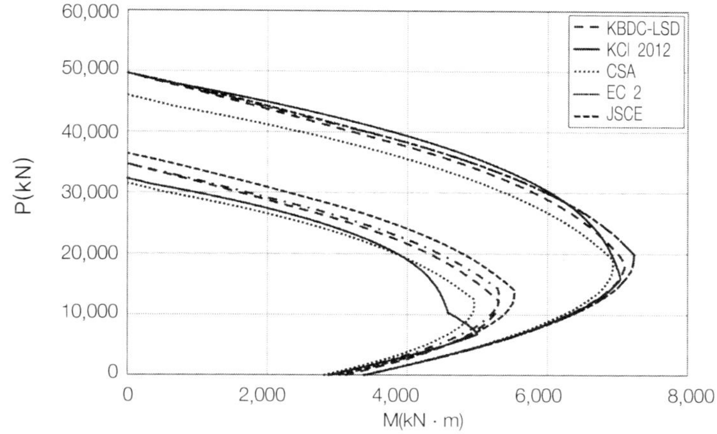

(a) f_y =400MPa

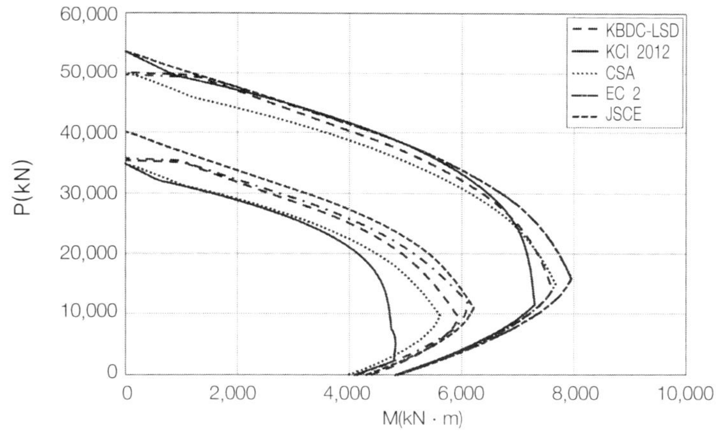

(b) f_y =600MPa

그림 6.7 **철근 항복강도 변화에 따른 주요 설계기준의 P-M 상관도**

제 7 장 설계강도 해석 예제

7.1 단철근 직사각형 단면 보

폭 250 mm 와 유효깊이 440 mm 를 가진 직사각형 단면 보가 3개의 D29 인장철근으로 보강되어 있을 때 설계휨강도를 계산하여라. 콘크리트 설계기준압축강도는 $f_{ck} = 27\,\mathrm{MPa}$이고 철근의 설계기준항복강도 $f_y = 400\,\mathrm{MPa}$이다.

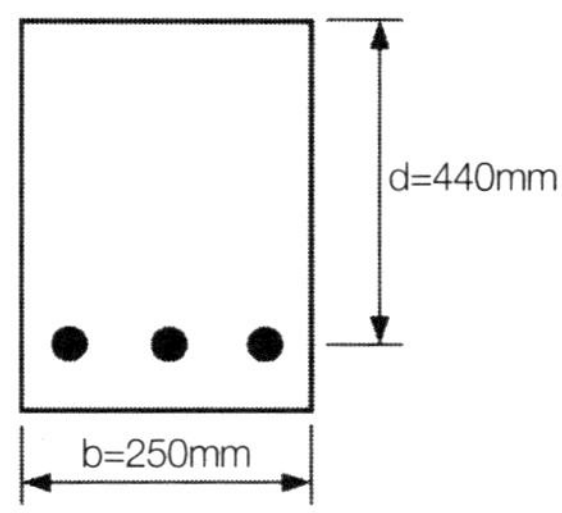

7.1.1 콘크리트구조기준(2012)과 ACI 318-11

(1) 인장지배 휨부재의 철근비 검토

주어진 재료강도에 의한 인장지배 단면의 최대 철근비 계산

$$f_y = 400\,\mathrm{MPa}\text{에 대응되는 } \rho_{\max} = 0.625\rho_b,\ \beta_1 = 0.85$$

$$\rho_b = 0.85\beta_1 \frac{f_{ck}}{f_y} \frac{600}{600+f_y} = 0.85 \times 0.85 \times \frac{27}{400} \times \frac{600}{600+400} = 0.0293$$

$$\rho_{max} = 0.625\rho_b = 0.625 \times 0.0293 = 0.0183$$

주어진 철근량 $3-\text{D}29(A_s = 1,927\text{mm}^2)$의 철근비 ρ

$$\rho = \frac{A_s}{bd} = \frac{1,927}{250 \times 440} = 0.0175 < \rho_{max} = 0.0183$$

따라서 철근의 인장항복 후에 압축콘크리트가 파괴되는 과소 철근콘크리트 보이다.

(2) 인장지배 휨부재의 철근비 검토 ($\phi = 0.85$ 사용)

단면 힘의 평형조건으로부터

$$a = \frac{A_s f_y}{0.85 f_{ck} b} = \frac{1,927 \times 400}{0.85 \times 27 \times 250} = 134.3\,\text{mm}$$

$$\phi M_n = \phi A_s f_y \left(d - \frac{a}{2}\right)$$

$$= 0.85 \times 1,927 \times 400 \times \left(440 - \frac{134.3}{2}\right) \times 10^{-6} = 244\,\text{kN}\cdot\text{m}$$

(3) 인장철근 위치에서 변형률 계산에 의한 강도감소계수 검토

중립축의 위치 계산

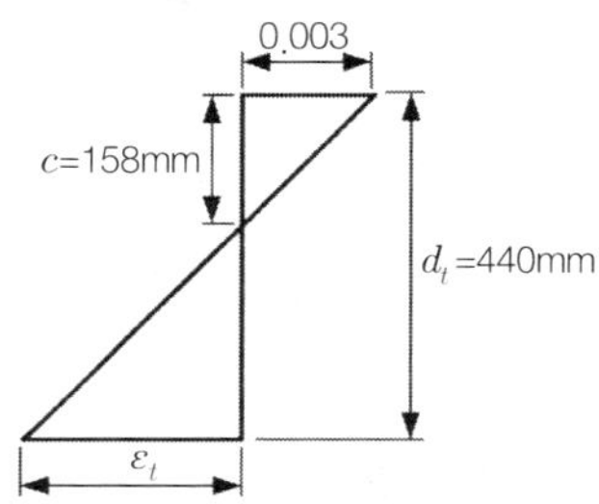

$$c = \frac{a}{\beta_1} = \frac{134.3}{0.85} = 158\,\text{mm}$$

인장철근의 변형률

$$\varepsilon_t : (440 - 158) = 0.003 : 158$$

$$\varepsilon_t = \frac{(440 - 158) \times 0.003}{158} = 0.0054 > 0.005$$

따라서 강도감소계수 $\phi = 0.85$ 〈적합〉

7.1.2 CSA-A23.3-04

$\phi_c = 0.65$(콘크리트), $\phi_s = 0.85$(철근)

$\alpha_1 = 0.85 - 0.0015f'_c = 0.8095 \quad (\geq 0.67)$

$\beta_1 = 0.97 - 0.0025f'_c = 0.9025 \quad (\geq 0.67)$

(1) 평형상태의 중립축 위치

중립축 위치(c) 대비 유효깊이(d) 비율의 상한값 제한 검토

$$\frac{c}{d} \leq \frac{700}{700 + f_y}$$

$$c \leq 280\,\text{mm}$$

평형상태의 중립축 깊이 $c_b = 280\,\text{mm}$

등가직사각형 응력블록의 깊이 $a_b = \beta_1 c_b = 252.7\,\text{mm}$

(2) 설계휨강도 계산

단면 힘의 평형조건으로부터

$$a = \frac{\phi_s A_s f_y}{\phi_c \alpha_1 f'_c b} = \frac{0.85 \times 1{,}927 \times 400}{0.65 \times 0.8095 \times 27 \times 250} = 184.5\,\text{mm} \quad (< a_b)$$

$$M_d = \phi_s A_s f_y \left(d - \frac{a}{2}\right)$$

$$= 0.85 \times 1{,}927 \times 400 \times \left(440 - \frac{184.5}{2}\right) \times 10^{-6} = 228\,\text{kN}\cdot\text{m}$$

7.1.3 Eurocode 2

$\alpha_{cc} = 1$ (EC2 추천값, 나라마다 다를 수 있음)

1) 직사각형 응력분포를 이용한 계산

$$\lambda = 0.8 \ (f_{ck} \le 50\mathrm{MPa})$$

$$\eta = 1.0 \ (f_{ck} \le 50\mathrm{MPa})$$

(1) 힘의 평형조건을 이용한 중립축 위치 계산

콘크리트 압축력 F_c

$$F_c = \eta f_{cd} b\lambda x = \eta \frac{\alpha_{cc} f_{ck}}{\gamma_c} b\lambda x = 1 \times \frac{1 \times 27}{1.5} \times 250 \times 0.8 \times x = 3{,}600x$$

철근 인장력 F_s

$$F_s = A_s f_{yd} = A_s \frac{f_y}{\gamma_s} = 1{,}927 \times \frac{400}{1.15} = 670{,}211$$

단면 힘의 평형조건으로부터

$$x = \frac{670{,}211}{3{,}600} = 186\,\mathrm{mm}$$

(2) 모멘트 팔 길이 계산

$$z = d - \frac{\lambda x}{2} = 440 - \frac{0.8 \times 186}{2} = 366\,\mathrm{mm}$$

(3) 휨강도 계산

$$M = A_s f_{yd} z = 1{,}927 \times 348 \times 366 \times 10^{-6} = 245\,\mathrm{kN \cdot m}$$

2) 포물선-직선 응력분포를 이용한 계산

$$\alpha = 0.810$$

$$\beta = 0.416$$

(1) 힘의 평형조건을 이용한 중립축 위치 계산

콘크리트 압축력 F_c

$$F_c = \alpha f_{cd} bx = 0.81 \times \frac{1 \times 27}{1.5} \times 250 \times x = 3,645x$$

철근 인장력 F_s

$$F_s = A_s f_{yd} = 1,927 \times \frac{400}{1.15} = 670,211$$

단면 힘의 평형조건으로부터

$$x = \frac{670,211}{3,645} = 184\,\mathrm{mm}$$

(2) 모멘트 팔 길이 계산

$$z = d - \beta x = 440 - (0.416 \times 184) = 363\,\mathrm{mm}$$

(3) 휨강도 계산

$$M = A_s f_{yd} z = 1,927 \times 348 \times 363 \times 10^{-6} = 243\,\mathrm{kN \cdot m}$$

7.1.4 JSCE(2007)

재료계수 : $\gamma_c = 1.3$(콘크리트), $\gamma_s = 1.0$(철근)

부재계수 : $\gamma_b = 1.1$(휨)

콘크리트 설계압축강도 : $f_{cd}' = \dfrac{f_{ck}'}{\gamma_c} = \dfrac{27}{1.3} = 20.8\,\mathrm{MPa}$

콘크리트 최대 압축응력계수 : $k_1 = 1 - 0.003 f_{ck}' = 0.85 \quad (\because k_1 \le 0.85)$

극한 압축변형률 : $\varepsilon_{cu}' = \dfrac{155 - f_{ck}'}{30,000} = 0.0035 \quad (\because 0.0025 \le \varepsilon_{cu}' \le 0.0035)$

중립축 깊이 대비 직사각형 응력블록 깊이 비 : $\beta = 0.52 + 80\varepsilon_{cu}' = 0.8$

철근 인장 설계항복강도 : $f_{yd} = \dfrac{f_{yk}}{\gamma_s} = 400\,\text{MPa}$

철근 압축 설계항복강도 : $f_{yd}' = \dfrac{f_{yk}'}{\gamma_s} = 400\,\text{MPa}$

1) 직사각형 응력분포를 이용한 계산

(1) 힘의 평형조건을 이용한 중립축 위치 계산

콘크리트 압축력 F_c

$$F_c = k_1 f_{cd}'(b \cdot \beta x) = 0.85 \times 20.8 \times (250 \times 0.8x) = 3{,}540x$$

철근 인장력 F_s

$$F_s = f_{yd} A_s = 400 \times 1{,}927 \times 10^{-3} = 771\,\text{kN}$$

단면 힘의 평형조건으로부터

$$x = \frac{771{,}000}{3{,}540} = 218\,\text{mm}$$

(2) 휨강도 계산

$$M = f_{yd} A_s \left(d - \frac{\beta x}{2}\right) = 400 \times 1{,}927 \times \left(440 - \frac{0.85 \times 218}{2}\right) \times 10^{-6} = 268\,\text{kN}\cdot\text{m}$$

(3) 부재계수를 고려한 설계휨강도 계산

$$M_{ud} = \frac{M}{\gamma_b} = \frac{268}{1.1} = 244\,\text{kN}\cdot\text{m}$$

2) 포물선–직선 응력분포를 이용한 계산

(1) 포물선–직선 응력분포

포물선-직선 응력분포

$$0 \le \varepsilon_c{}' \le 0.002 \text{인 경우} : f_c{}' = k_1 f_{cd}{}'\left(\frac{\varepsilon_c{}'}{0.002}\right)\left(2-\frac{\varepsilon_c{}'}{0.002}\right)$$

$$= 17.7\left(\frac{\varepsilon_c{}'}{0.002}\right)\left(2-\frac{\varepsilon_c{}'}{0.002}\right)$$

$$0.002 \le \varepsilon_c{}' \le 0.0035 \text{인 경우} : f_c{}' = 23.0$$

평균 콘크리트 응력

$$\frac{\int_0^{\varepsilon_{cu}{}'} f_c{}'\, d\varepsilon_c{}'}{\varepsilon_{cu}{}'} = 14.3\,\mathrm{MPa}$$

콘크리트 압축력의 중심

$$\frac{\int_0^{\varepsilon_{cu}{}'} \varepsilon_c{}' f_c{}'\, d\varepsilon_c{}'}{\int_0^{\varepsilon_{cu}{}'} f_c{}'\, d\varepsilon_c{}'} = 0.584\,\varepsilon_{cu}{}'$$

(2) 힘의 평형조건을 이용한 중립축 위치 계산

콘크리트의 압축력 F_c

$$F_c = 14.3\,bx = 3{,}580\,x$$

철근 인장력 F_s

$$F_s = f_{yd} A_s = 400 \times 1{,}927 \times 10^{-3} = 771\,\mathrm{kN}$$

단면 힘의 평형조건으로부터

$$x = \frac{771{,}000}{3{,}580} = 215\,\mathrm{mm}$$

(3) 휨강도 계산

$$M = f_{yd} A_s [d - (1 - 0.584)x]$$

$$= 400 \times 1{,}927 \times (440 - 0.416 \times 215) \times 10^{-6} = 270\,\mathrm{kN \cdot m}$$

(4) 부재계수를 고려한 설계휨강도 계산

$$M_{ud} = \frac{M}{\gamma_b} = \frac{270}{1.1} = 245\,\mathrm{kN \cdot m}$$

7.1.5 도로교설계기준 한계상태설계법(2012)

$$\phi_c = 0.65(\text{콘크리트}),\ \phi_s = 0.95(\text{철근})$$

(1) 포물선-직선 응력분포

포물선-직선 응력분포 계수

$$n = 2.0$$

$$\varepsilon_{co} = 0.002$$

$$\varepsilon_{cu} = 0.0033$$

압축합력의 크기를 나타내는 계수 α

$$\alpha = 1 - \frac{1}{1+n}\left(\frac{\varepsilon_{co}}{\varepsilon_{cu}}\right) = 1 - \frac{1}{1+2.0}\left(\frac{0.002}{0.0033}\right) = 0.80$$

작용점 위치를 나타내는 계수 β

$$\beta = 1 - \frac{0.5 - \dfrac{1}{(1+n)(2+n)}\left(\dfrac{\varepsilon_{co}}{\varepsilon_{cu}}\right)^2}{1 - \dfrac{1}{1+n}\left(\dfrac{\varepsilon_{co}}{\varepsilon_{cu}}\right)} = 1 - \frac{0.5 - \dfrac{1}{(1+2.0)(2+2.0)}\left(\dfrac{0.002}{0.0033}\right)^2}{1 - \dfrac{1}{1+2.0}\left(\dfrac{0.002}{0.0033}\right)}$$

$$= 0.41$$

(2) 힘의 평형조건을 이용한 중립축 위치 계산

콘크리트 압축력 C

$$f_{cd} = \phi_c 0.85 f_{ck} = 0.65 \times 0.85 \times 27 = 14.92\,\text{MPa}$$

$$C = \alpha f_{cd} b c = 0.80 \times 14.92 \times 250 \times c = 2{,}984c$$

철근 인장력 T

$$f_{yd} = \phi_s f_y = 0.95 \times 400 = 380\,\text{MPa}$$

$$T = A_s f_{yd} = 1{,}927 \times 380 = 732{,}260\,\text{N}$$ (인장철근은 항복하는 것으로 가정)

단면 힘의 평형조건으로부터

$$c = \frac{732{,}260}{2{,}984} = 245.4\,\text{mm}$$

(3) 인장철근의 항복 여부 검토

인장철근의 변형률

$$\varepsilon_t = \varepsilon_{cu} \frac{d-c}{c} = 0.0033 \times \frac{440-245.4}{245.4} = 0.0026$$

인장철근의 설계 항복변형률

$$\phi_s \varepsilon_y = \frac{f_{yd}}{E_s} = \frac{380}{200{,}000} = 0.0019$$

$\varepsilon_t = 0.0026 > \phi_s \varepsilon_y (= 0.0019)$ 이므로 인장철근은 항복

(4) 설계휨강도 계산

$$M_{design} = T(d - \beta c) = 732{,}260 \times (440 - 0.41 \times 245.4) \times 10^{-6} = 249\,\text{kN}\cdot\text{m}$$

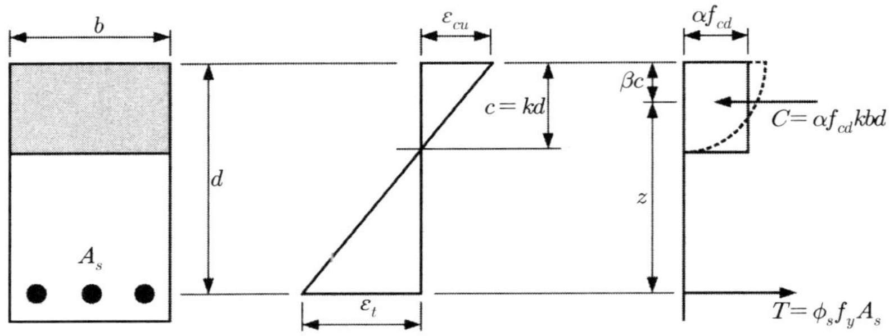

7.2 복철근 직사각형 단면 보

그림과 같이 보의 단면 크기가 제한된다. 계수하중에 의한 단면 휨모멘트 $M_u = 1{,}080\,\mathrm{kN \cdot m}$를 지지하기 위해 소요되는 철근량을 구하여라. 콘크리트 설계기준압축강도 $f_{ck} = 27\,\mathrm{MPa}$이고 철근의 설계기준항복강도 $f_y = 400\,\mathrm{MPa}$이다.

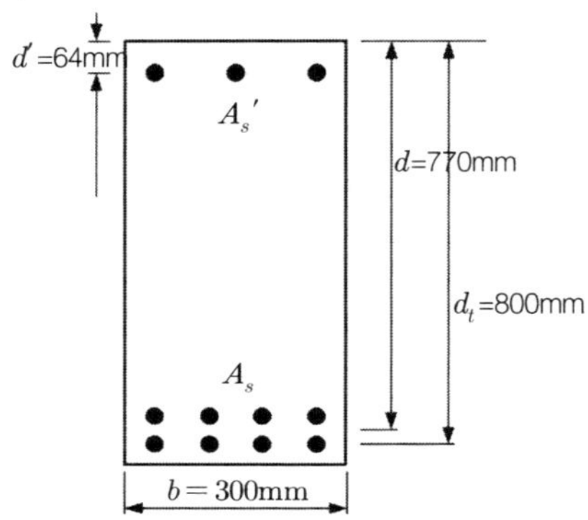

7.2.1 콘크리트구조기준(2012)과 ACI 318-11

(1) 압축철근의 필요 여부 검토

$$M_u = 1{,}080\,\mathrm{kN \cdot m}$$

$$M_n = \frac{M_u}{\phi} = \frac{1{,}080}{0.85} = 1{,}271\,\mathrm{kN \cdot m}$$

$$R = \frac{M_n}{bd^2} = \frac{1,271 \times 10^6}{300 \times 800^2} = 6.6\,\text{MPa}$$

압축철근이 없는 인장지배 부재 단면에서 최대 허용철근량을 사용하여 계산된 R값과의 비교

$$\rho_b = 0.0293,\ \rho_{\max} = 0.625\rho_b = 0.0183$$

$$R = \rho_{\max} f_y (1 - 0.59\frac{\rho_{\max} f_y}{f_{ck}})$$

$$= 0.0183 \times 400 \times \left(1 - 0.59\frac{(0.0183 \times 400)}{27}\right) = 6.1\,\text{MPa}$$

$6.6\,\text{MPa} > 6.1\,\text{MPa}$, 따라서 압축철근이 필요

(2) 압축철근이 없는 콘크리트 단면이 부담하는 공칭휨강도의 계산

$$\rho_{\max} = 0.0183,\ \rho = \rho_{\max}(\frac{d_t}{d}) = 0.0183 \times (\frac{800}{770}) = 0.019$$

$$w = \rho\frac{f_y}{f_{ck}} = 0.019 \times \frac{400}{27} = 0.281$$

$\frac{M_u}{\phi f_{ck} bd^2} = \frac{\rho f_y}{f_{ck}}(1 - 0.59\rho\frac{f_y}{f_{ck}})$, 여기에 $w = \rho\frac{f_y}{f_{ck}}$ 를 대입하면

$$\frac{M_u}{\phi f_{ck} bd^2} = w(1 - 0.59w)$$

$$\frac{M_u}{\phi f_{ck} bd^2} = 0.281 \times (1 - 0.59 \times 0.281) = 0.23$$

$$M_n = \frac{M_u}{\phi} = 0.23 \times 27 \times 300 \times 770^2 \times 10^{-6} = 1,105\,\text{kN}\cdot\text{m}$$

따라서 압축철근이 부담해야 하는 공칭휨강도

$$M_n' = 1,271 - 1,105 = 166\,\text{kN}\cdot\text{m}$$

(3) 소요 철근량

$$A_s' = \frac{M_n'}{f_y(d-d')} = \frac{166\times 10^6}{400\times(770-64)} = 588\,\text{mm}^2$$

$$A_s = A_s' + \rho bd = 588 + 0.019\times 300\times 770 = 4{,}977\,\text{mm}^2$$

(4) 최소 철근량 검토

$$A_{s,\min} = \frac{0.25\sqrt{f_{ck}}}{f_y} b_w d = \frac{0.25\times\sqrt{27}}{400}\times 300\times 770 = 750.2\,\text{mm}^2$$

$$A_{s,\min} = \frac{1.4}{f_y} b_w d = \frac{1.4}{400}\times 300\times 770 = 808.5\,\text{mm}^2$$

인장철근의 단면적은 두 값 중 큰 값 이상이어야 한다.

$A_s = 4{,}977\,\text{mm}^2 > 808.5\,\text{mm}^2$ 〈적합〉

7.2.2 CSA-A23.3-04

$\phi_c = 0.65$(콘크리트), $\phi_s = 0.85$(철근)

$\alpha_1 = 0.85 - 0.0015f'_c = 0.8095 \quad (\geq 0.67)$

$\beta_1 = 0.97 - 0.0025f'_c = 0.9025 \quad (\geq 0.67)$

(1) 압축철근의 필요 여부 검토

중립축 깊이(c) 대비 유효깊이(d) 비율의 상한값 제한 검토

$$\frac{c}{d} \leq \frac{700}{700+f_y}$$

$c \leq 490\,\text{mm}$

평형상태의 중립축 깊이 $c_b = 490\,\text{mm}$ 이며,

등가직사각형 응력블록의 깊이 $a_b = \beta_1 c_b = 442.2\,\text{mm}$ 이다.

계수하중에 의한 단면 휨모멘트 $M_u = 1{,}080\,\text{kN}\cdot\text{m}$ 를 지지하기 위한 직사각형 응력블록의 깊이 계산

$$\phi_c \alpha_1 f_c{}' a b \left(d - \frac{a}{2}\right) = M_u \text{ 에서}$$

$$a = d - \sqrt{d^2 - \frac{2M_u}{\phi_c \alpha_1 f'_c b}}$$

$$= 770 - \sqrt{770^2 - \frac{2 \times 1{,}080 \times 10^6}{0.65 \times 0.8095 \times 27 \times 300}} = 476.6\,\text{mm}$$

계수하중에 의한 단면 휨모멘트에서의 응력블록 깊이가 평형상태의 응력블록 깊이보다 크므로($a > a_b$) 압축철근이 필요

(2) 압축철근량 계산

압축철근이 없는 콘크리트 단면이 부담하는 계수 압축력

$$C = \phi_c \alpha_1 f'_c b a_b = 0.65 \times 0.8095 \times 27 \times 300 \times 442.2 \times 10^{-3} = 1{,}884.7\,\text{kN}$$

압축철근이 없는 콘크리트 단면이 부담하는 설계휨강도

$$M_c = C\left(d - \frac{a_b}{2}\right) = 1{,}884.8 \times \left(770 - \frac{442.2}{2}\right) \times 10^{-3} = 1{,}034.5\,\text{kN}\cdot\text{m}$$

압축철근이 부담해야 하는 설계휨강도

$$M_s = M_u - M_c = 1{,}080 - 1{,}034.5 = 45.5\,\text{kN}\cdot\text{m}$$

압축철근응력

$$f'_s = 0.0035\,E_s\left(\frac{c_b - d'}{c_b}\right) = 0.0035 \times 200{,}000 \times \left(\frac{490 - 64}{490}\right) = 608.6\,\text{MPa}$$

f_y 보다 크므로, f_y 적용

소요 압축철근량

$$A_s{}' = \frac{M_s}{(\phi_s f_y - \phi_c \alpha_1 f'_c)(d - d')}$$

$$= \frac{45.5 \times 10^6}{(0.85 \times 400 - 0.65 \times 0.8095 \times 27)(770 - 64)}$$

$$= 197.8\,\mathrm{mm}^2$$

(3) 인장철근량 계산

압축대 콘크리트의 압축력과 평형을 이루기 위해 필요한 인장철근량

$$A_{s1} = \frac{M_c}{\phi_s f_y \left(d - \dfrac{a_b}{2}\right)} = \frac{1{,}034.5 \times 10^6}{0.85 \times 400 \times \left(770 - \dfrac{442.2}{2}\right)} = 5{,}543.2\,\mathrm{mm}^2$$

압축철근의 압축력과 평형을 이루기 위해 필요한 인장철근량

$$A_{s2} = \frac{M_s}{\phi_s f_y (d - d')} = \frac{45.5 \times 10^6}{0.85 \times 400 \times (770 - 64)} = 189.6\,\mathrm{mm}^2$$

소요 인장철근량

$$A_s = A_{s1} + A_{s2} = 5543.2 + 189.6 = 5{,}732.8\,\mathrm{mm}^2$$

(4) 최소 철근량 검토

$$A_{s,\min} = \frac{0.2\sqrt{f'_c}}{f_y} b_t h = \frac{0.2 \times \sqrt{27}}{400} \times 300 \times 850 = 662.5\,\mathrm{mm}^2$$

$$A_s = 5{,}732.8\,\mathrm{mm}^2 > 662.5\,\mathrm{mm}^2$$ 〈적합〉

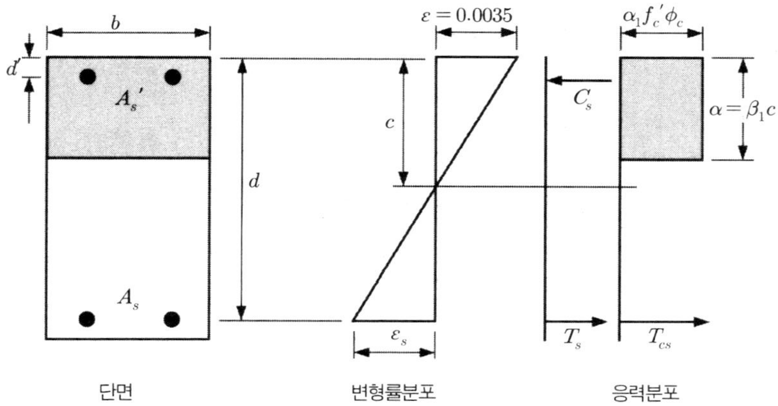

7.2.3 Eurocode 2

$\alpha_{cc} = 1$(EC2 추천값, 나라마다 다를 수 있음)

1) 직사각형 응력분포를 이용한 계산

$\lambda = 0.8\ (f_{ck} \leq 50\text{MPa})$

$\eta = 1.0\ (f_{ck} \leq 50\text{MPa})$

(1) 계수 K' 산정

콘크리트 압축력 F_c

$$F_c = \eta f_{cd} b \lambda x = \eta \frac{\alpha_{cc} f_{ck}}{\gamma_c} b \lambda x = 1 \times \frac{1 \times f_{ck}}{1.5} \times b \times 0.8x = 0.533 f_{ck} bx$$

철근 인장력

$$F_{st} = A_s f_{yd} = A_s \times \frac{f_y}{\gamma_s} = A_s \times \frac{f_y}{1.15} = 0.87 A_s f_y$$

$$F_{sc} = A_s' f_{yd} = A_s' \times \frac{f_y}{\gamma_s} = A_s' \times \frac{f_y}{1.15} = 0.87 A_s' f_y$$

$$M = 0.533 f_{ck} b x z\ ,\ \ z = d - \frac{\lambda x}{2} = d - 0.4x \ \Rightarrow\ x = 2.5(d - z)$$

$$M = 0.533 f_{ck} b \cdot 2.5(d - z) \cdot z = 1.3325(f_{ck}bdz - f_{ck}bz^2)$$

양변을 $f_{ck}bd^2$ 으로 나누고 $\frac{M}{f_{ck}bd^2}$ 을 K로 놓으면

$$\frac{M}{f_{ck}bd^2} = 1.3325\left(\frac{f_{ck}bdZ}{f_{ck}bd^2} - \frac{f_{ck}bZ^2}{f_{ck}bd^2}\right)$$

$$K = 1.3325\left[\frac{z}{d} - \left(\frac{z}{d}\right)^2\right]$$

$$\left(\frac{z}{d}\right)^2 - \left(\frac{z}{d}\right) + 0.75K = 0$$

$$\frac{z}{d} = \frac{-(-1) \pm \sqrt{1 - 4 \times 0.75K}}{2}$$

$$\frac{z}{d} = \frac{1 + \sqrt{1 - 3K}}{2}$$

$$z = \frac{d[1 + \sqrt{1 - 3K}]}{2}$$

모멘트 재분배율 $\delta \geq k_1 + k_2 \frac{x_u}{d}$, $f_{ck} \leq 50\,\text{MPa}$

EC2 추천값 $k_1 = 0.44$

$k_2 = 1.25(0.6 + 0.0014/\varepsilon_{cu2})$, $\varepsilon_{cu2} = 0.0035$

$k_3 = 1.25(0.6 + 0.0014/0.0035) = 1.25$

$$\delta = 0.44 + 1.25\frac{x_u}{d}$$

$$x_u = 0.8d(\delta - 0.44)$$

$$M = 0.533 f_{ck} b x_u z$$

$$z = d - 0.4x_u = d - 0.40.8d(\delta - 0.44) = d - 0.32d\delta + 0.14d$$

$$= 1.14d - 0.32d\delta$$

$$M = 0.533f_{ck}b(0.85d\delta - 0.352d)(1.14d - 0.32d\delta)$$

$$= 0.533f_{ck}b(0.912d^2\delta - 0.256d^2\delta^2 - 0.401d^2 + 0.113d^2\delta)$$

$$= 0.533f_{ck}b(1.025d^2\delta - 0.256d^2\delta^2 - 0.401d^2)$$

$$= f_{ck}bd^2(0.546\delta - 0.136\delta^2 - 0.214)$$

모멘트 재분배 후

$$M' = f_{ck}bd^2(0.546\delta - 0.136\delta^2 - 0.214)$$

$$K' = \frac{M'}{f_{ck}bd^2} = 0.546\delta - 0.136\delta^2 - 0.214$$

모멘트 재분배율을 1로 가정(즉, 모멘트 재분배 없음)

$$K' = 0.546 \times 1 - 0.136 \times 1 - 0.214 \times 1 = 0.196$$

(2) 압축철근 필요 여부 검토

$$K = \frac{M}{f_{ck}bd^2} = \frac{1080 \times 10^6}{300 \times 770^2 \times 27} = 0.225$$

$K > K'$ 이므로 압축철근이 필요

(3) 소요 철근량 계산

$$z = \frac{d[1 + \sqrt{1 - 3K'}]}{2}$$

$$= \frac{770[1 + \sqrt{1 - 3 \times 0.196}]}{2} = 632\,\text{mm}$$

$$M' = (K - K')f_{ck}bd^2$$

$$= (0.225 - 0.196) \times 27 \times 300 \times 770^2 \times 10^{-6} = 139\,\text{kN}\cdot\text{m}$$

$$A_{s2} = \frac{M'}{f_{yd}(d - d')} = \frac{M'}{0.87f_y(d - d')} = \frac{139 \times 10^6}{0.87 \times 400 \times (770 - 64)} = 566\,\text{mm}^2$$

$$A_s = \frac{M - M'}{f_{yd}z} + A_{s2} = \frac{M - M'}{0.87f_y z} + A_{s2}$$

$$= \frac{(1080 - 139)}{0.87 \times 400 \times 632} + 566 = 4845\,\text{mm}^2$$

(4) 최소 철근량 검토

$$f_{ctm} = 0.3f_{ck}^{\left(\frac{2}{3}\right)}\ (f_{ck} \le 50\text{MPa})$$

$$A_{s.\min} = 0.26\frac{f_{ctm}}{f_y}b_t d > 0.0013b_t d$$

$$A_{s.\min} = 0.26\frac{f_{ctm}}{f_y}b_t d = 0.26 \times \frac{0.30 \times 27^{\left(\frac{2}{3}\right)}}{400} \times 300 \times 770 = 405\text{mm}^2$$

$$A_{s.\min} = 0.0013b_t d = 0.0013 \times 300 \times 770 = 300\,\text{mm}^2$$

$A_s = 4{,}845\,\text{mm}^2 > 405\,\text{mm}^2$ 〈적합〉

(5) 최대 철근량 검토

$$A_{s.\max} = 0.04A_c = 0.04 \times 300 \times 770 = 9{,}240\,\text{mm}^2$$

$A_s = 4{,}845\,mm^2 < 9{,}240\,\text{mm}^2$ 〈적합〉

2) 포물선-직선 응력분포를 이용한 계산

$\alpha = 0.810$

$\beta = 0.416$

(1) 계수 K' 산정

콘크리트 압축력 F_c

$$F_c = \alpha f_{cd} bx = 0.810 \times \frac{1 \times f_{ck}}{1.5} \times b \times x = 0.54 f_{ck} bx$$

철근 인장력

$$F_{st} = A_s f_{yd} = A_s \times \frac{f_y}{\gamma_s} = A_s \times \frac{f_y}{1.15} = 0.87 A_s f_y$$

$$F_{sc} = A_s' f_{yd} = A_s' \times \frac{f_y}{\gamma_s} = A_s' \times \frac{f_y}{1.15} = 0.87 A_s' f_y$$

$$M = 0.54 f_{ck} b x z\,,\ z = d - \beta x = d - 0.416x \ \Rightarrow \ x = 2.4(d - z)$$

$$M = 0.54 f_{ck} b \cdot 2.4(d - z) \cdot z \ = 1.296(f_{ck} bdz - f_{ck} bz^2)$$

양변을 $f_{ck}bd^2$ 으로 나누고 $\dfrac{M}{f_{ck}bd^2}$ 을 K로 놓으면

$$\frac{M}{f_{ck}bd^2} = 1.296\left(\frac{f_{ck}bdz}{f_{ck}bd^2} - \frac{f_{ck}bz^2}{f_{ck}bd^2}\right)$$

$$K = 1.296\left[\frac{z}{d} - \left(\frac{z}{d}\right)^2\right]$$

$$\left(\frac{z}{d}\right)^2 - \left(\frac{z}{d}\right) + 0.772K = 0$$

$$\frac{z}{d} = \frac{-(-1) \pm \sqrt{1-4\times 0.772K}}{2}$$

$$\frac{z}{d} = \frac{1+\sqrt{1-3.088K}}{2}$$

$$z = \frac{d[1+\sqrt{1-3.088K}]}{2}$$

모멘트 재분배율 $\delta \geq k_1 + k_2 \frac{x_u}{d}$, $f_{ck} \leq 50\,\mathrm{MPa}$

EC2 추천값 $k_1 = 0.44$

$k_2 = 1.25(0.6 + 0.0014/\varepsilon_{cu2})$, $\varepsilon_{cu2} = 0.0035$

$k_3 = 1.25(0.6 + 0.0014/0.0035) = 1.25$

$$\delta = 0.44 + 1.25\frac{x_u}{d}$$

$$x_u = 0.8d(\delta - 0.44)$$

$$M = 0.54 f_{ck} b x_u z$$

$$z = d - 0.416x_u = d - 0.4160.8d(\delta - 0.44) = d - 0.333d\delta + 0.146d$$

$$= 1.146d - 0.333d\delta$$

$$M = 0.54 f_{ck} b(0.8d\delta - 0.352d)(1.146d - 0.333d\delta)$$

$$= 0.54 f_{ck} b(0.917d^2\delta - 0.266d^2\delta^2 - 0.403d^2 + 0.117d^2\delta)$$

$$= 0.54 f_{ck} b(1.034d^2\delta - 0.266d^2\delta^2 - 0.403d^2)$$

$$= f_{ck} bd^2(0.56\delta - 0.14\delta^2 - 0.22)$$

모멘트 재분배 후

$$M' = f_{ck} bd^2(0.56\delta - 0.14\delta^2 - 0.22)$$

$$K' = \frac{M'}{f_{ck}bd^2} = 0.56\delta - 0.14\delta^2 - 0.22$$

모멘트 재분배율을 1로 가정(즉, 모멘트 재분배 없음)

$$K' = 0.56 \times 1 - 0.14 \times 1 - 0.22 \times 1 = 0.2$$

(2) 압축철근 필요 여부 검토

$$K = \frac{M}{f_{ck} b d^2} = \frac{1,080 \times 10^6}{300 \times 770^2 \times 27} = 0.225$$

$K > K'$ 이므로 압축철근이 필요

(3) 소요 철근량 계산

$$z = \frac{d[1 + \sqrt{1 - 3.088K'}]}{2}$$

$$= \frac{779[1 + \sqrt{1 - 3.088 \times 0.2}]}{2} = 623\,\text{mm}$$

$$M' = (K - K')f_{ck} b d^2$$

$$= (0.225 - 0.2) \times 27 \times 300 \times 770^2 \times 10^{-6} = 120\,\text{kN}\cdot\text{m}$$

$$A_{s2} = \frac{M'}{f_{yd}(d - d')} = \frac{M'}{0.87 f_y (d - d')} = \frac{120 \times 10^6}{0.87 \times 400 \times (770 - 64)} = 488\,\text{mm}^2$$

$$A_s = \frac{M - M'}{f_{yd} z} + A_{s2} = \frac{M - M'}{0.87 f_y z} + A_{s2}$$

$$= \frac{(1,080 - 120)}{0.87 \times 400 \times 623} + 488 = 4916\,\text{mm}^2$$

(4) 최소 철근량 검토

$$f_{ctm} = 0.3 f_{ck}^{\left(\frac{2}{3}\right)} \ (f_{ck} \le 50\,\text{MPa})$$

$$A_{s.\min} = 0.26 \frac{f_{ctm}}{f_y} b_t d > 0.0013 b_t d$$

$$A_{s.\min} = 0.26\frac{f_{ctm}}{f_y}b_t d = 0.26 \times \frac{0.30 \times 27^{\left(\frac{2}{3}\right)}}{400} \times 300 \times 770 = 405\,\mathrm{mm}^2$$

$$A_{s.\min} = 0.0013 b_t d = 0.0013 \times 300 \times 770 = 300\,\mathrm{mm}^2$$

$$A_s = 4{,}916\mathrm{mm}^2 > 405\,\mathrm{mm}^2$$ 〈적합〉

(5) 최대 철근량 검토

$$A_{s.\max} = 0.04A_c = 0.04 \times 300 \times 770 = 9{,}240\mathrm{mm}^2$$

$$A_s = 4{,}916\,\mathrm{mm}^2 < 9{,}240\,\mathrm{mm}^2$$ 〈적합〉

7.2.4 JSCE(2007)

재료계수 : $\gamma_c = 1.3$(콘크리트), $\gamma_s = 1.0$(철근)

부재계수 : $\gamma_b = 1.1$(휨)

콘크리트 설계압축강도 : $f_{cd}' = \dfrac{f_{ck}'}{\gamma_c} = \dfrac{27}{1.3} = 20.8\,\mathrm{MPa}$

콘크리트 최대 압축응력계수 : $k_1 = 1 - 0.003 f_{ck}' = 0.85$ ($\because k_1 \le 0.85$) 및

극한압축변형률 : $\varepsilon_{cu}' = \dfrac{155 - f_{ck}'}{30{,}000} = 0.0035$($\because 0.0025 \le \varepsilon_{cu}' \le 0.0035$)

중립축 깊이 대비 직사각형 응력블록 깊이 비 : $\beta = 0.52 + 80\varepsilon_{cu}' = 0.8$

철근 인장 설계항복강도 : $f_{yd} = \dfrac{f_{yk}}{\gamma_s} = 400\,\mathrm{MPa}$

철근 압축 설계항복강도 : $f_{yd}' = \dfrac{f_{yk}'}{\gamma_s} = 400\,\mathrm{MPa}$

1) 직사각형 응력분포를 이용한 계산

(1) 압축철근의 필요 여부 검토

압축철근이 없는 경우의 최대 인장철근비

$$\rho_{\max} = 0.75\rho_b = 0.75\beta k_1\left(\frac{\varepsilon_{cu}'}{\varepsilon_{cu}' + f_{yd}/E_s}\right)\left(\frac{f_{cd}'}{f_y}\right) = 0.0169$$

압축철근 없이 인장철근 $A_{s1} = \rho_{\max} bd = 0.0169 \times 300 \times 770 = 3,900\,\text{mm}^2$ 배근

단면의 중립축 깊이 x

$$x = \frac{A_{s1} f_{yd}}{\beta k_1 f_{cd}' b} = \frac{3,900 \times 400}{0.8 \times 0.85 \times 20.8 \times 300} = 368\,\text{mm}$$

설계휨강도 M_{ud1}

$$M_{ud1} = A_{s1} f_{yd}\left(d - \frac{\beta x}{2}\right) \times \frac{1}{\gamma_b} = 883\,\text{kN}\cdot\text{m}$$

$M_u = 1,080\,\text{kN}\cdot\text{m} > M_{ud1} = 883\,\text{kN}\cdot\text{m}$, 따라서 압축철근 필요

(2) 압축철근량 계산

본 예제에서는 단면 하부에만 인장철근 $A_{s1} = 3,900\,\text{mm}^2$ 로 배근하였을 경우의 설계휨강도와 비교하여 부족한 휨강도 $M_u - M_{ud1} = 197\,\text{kN}\cdot\text{m}$ 만큼 압축철근을 배치하는 것으로 설계한다. 단면의 상부에 압축철근량 A_{s2}로 정의하고, 실제 배근의 경우 단면의 하부에도 동일한 인장철근 A_{s2}를 추가로 배치하는 것으로 가정한다. 단면의 인장 및 압축철근이 모두 항복하는 것으로 가정할 경우, A_{s2}는 다음과 같이 계산할 수 있다.

$$M_u - M_{ud1} = 197,000,000 = A_{s2} f_{yd}(d - d')\frac{1}{\gamma_b}$$

$$= A_{s2} \times 400 \times (770 - 64) \times \frac{1}{1.1}$$

$$A_{s2} = 767\,\text{mm}^2$$

(3) 복철근 보 단면 휨강도 검증

단면 상부에 배치된 압축철근의 면적 A_{s2}가 충분히 작으므로($A_{s2}/bd = 0.0033$), 근사적으로 A_{s2}에 해당하는 콘크리트 압축력을 무시할 수 있다. 따라서 "(1) 압축철근 배치 여부 검토"에서 계산한 중립축의 깊이 $x = 368\,\text{mm}$와 콘크리트 극한압축변형률 $\varepsilon_{cu}' = 0.0035$로부터, 압축철근의 변형률 ε_s'을 다음과 같이 계산할 수 있다.

$$\varepsilon_s' = \left(\frac{\varepsilon_{cu}'}{c}\right)(c - d') = \left(\frac{0.0035}{368}\right)(368 - 64) = 0.00289$$

압축철근의 변형률 $\varepsilon_s' = 0.00289$가 항복변형률 $\varepsilon_y' = f_{yd}'/E_s = 0.002$보다 크므로, "(2) 압축철근량 계산"에서 가정한 압축철근이 항복하였다는 가정이 옳다.

(4) 복철근 보의 최종 배근량

압축철근 $A_s' = 767\,\text{mm}^2$

인장철근 $A_s = A_{s1} + A_{s2} = 3{,}900 + 767 = 4{,}670\,\text{mm}^2$

(5) 최소 철근량 검토

$$A_{s.\min} = 0.002\,A_c = 0.002 \times 300 \times 770 = 462\,\text{mm}^2$$

$A_s = 4{,}670\text{mm}^2 > 462\,\text{mm}^2$ 〈적합〉

2) 포물선-직선 응력분포를 이용한 계산

(1) 포물선-직선 응력분포

포물선-직선 응력분포

$$0 \le \varepsilon_c' \le 0.002\text{인 경우} : f_c' = k_1 f_{cd}'\left(\frac{\varepsilon_c'}{0.002}\right)\left(2 - \frac{\varepsilon_c'}{0.002}\right)$$

$$= 17.7\left(\frac{\varepsilon_c'}{0.002}\right)\left(2 - \frac{\varepsilon_c'}{0.002}\right)$$

$$0.002 \le \varepsilon_c' \le 0.0035\text{인 경우} : f_c' = 23.0$$

평균 콘크리트 응력

$$\frac{\int_0^{\varepsilon_{cu}'} f_c' \, d\varepsilon_c'}{\varepsilon_{cu}'} = 14.3\,\text{MPa}$$

콘크리트 압축력의 중심

$$\frac{\int_0^{\varepsilon_{cu}'} \varepsilon_c' f_c' \, d\varepsilon_c'}{\int_0^{\varepsilon_{cu}'} f_c' \, d\varepsilon_c'} = 0.584\,\varepsilon_{cu}'$$

(2) 압축철근 필요 여부 검토

압축철근이 없는 경우의 최대 인장철근비 (단, $\alpha = 0.88 - 0.004 f_{ck}' \le 0.68$)

$$\rho_{\max} = 0.75\rho_b = 0.75\,\alpha\left(\frac{\varepsilon_{cu}'}{\varepsilon_{cu}' + f_{yd}/E_s}\right)\left(\frac{f_{cd}'}{f_{yd}}\right) = 0.0169$$

압축철근 없이 인장철근 $A_{s1} = \rho_{\max} bd = 0.0169 \times 300 \times 770 = 3{,}900\,\text{mm}^2$ 배근

콘크리트의 압축력 F_c

$$F_c = 14.3\,bx = 4290\,x$$

철근 인장력 F_s

$$F_s = f_{yd} A_s = 1{,}560{,}000\,\text{N}$$

단면 힘의 형평조건으로부터

$$x = \frac{1{,}560{,}000}{4{,}290} = 364\,\text{mm}$$

설계휨강도 M_{ud1}

$$M_{ud1} = A_{s1} f_{yd}\,[d - (1 - 0.584)x]\,\frac{1}{\gamma_b} = 877\,\text{kN}\cdot\text{m}$$

$M_u = 1{,}080\,\text{kN}\cdot\text{m} > M_{ud1} = 877\,\text{kN}\cdot\text{m}$, 따라서 압축철근 필요

(3) 압축철근량 계산

본 예제에서는 단면 하부에만 인장철근 $A_{s1} = 3,900\,\mathrm{mm}^2$로 배근하였을 경우의 설계휨강도와 비교하여 부족한 휨강도 $M_u - M_{ud1} = 197\,\mathrm{kN \cdot m}$ 만큼 압축철근을 배치하는 것으로 설계한다. 단면의 상부에 압축철근량 A_{s2}로 정의하고, 실제 배근의 경우 단면의 하부에도 동일한 인장철근 A_{s2}를 추가로 배치하는 것으로 가정한다. 단면의 인장 및 압축철근이 모두 항복하는 것으로 가정할 경우, A_{s2}는 다음과 같이 계산할 수 있다.

$$M_u - M_{ud1} = 203,000,000 = A_s' f_{yd}(d - d')\frac{1}{\gamma_b}$$

$$= A_s' \times 400 \times (770 - 64) \times \frac{1}{1.1}$$

$$A_s' = 791\,\mathrm{mm}^2$$

(4) 복철근 보 단면 휨강도 검증

단면 상부에 배치된 압축철근의 면적 A_{s2}가 충분히 작으므로($A_{s2}/bd = 0.0034$) 근사적으로 A_{s2}에 해당하는 콘크리트 압축력을 무시할 수 있다. 따라서 "(2) 압축철근 배치 여부 검토"에서 계산한 중립축의 깊이 $x = 364\,\mathrm{mm}$와 콘크리트 극한압축변형률 $\varepsilon_{cu}' = 0.0035$로부터 압축철근의 변형률 ε_s'을 다음과 같이 계산할 수 있다.

$$\varepsilon_s' = \left(\frac{\varepsilon_{cu}'}{c}\right)(c - d') = \left(\frac{0.0035}{364}\right)(364 - 64) = 0.00288$$

압축철근의 변형률이 $\varepsilon_s' = 0.00288$ 항복변형률 $\varepsilon_y' = f_{yd}'/E_s = 0.002$보다 크므로, "(3) 압축철근량 계산"에서 가정한 압측철근이 항복하였다는 가정이 옳다.

(5) 복철근 보의 최종 배근량

압축철근 $A_s' = 791\,\mathrm{mm}^2$

인장철근 $A_s = A_{s1} + A_{s2} = 3900 + 791 = 4690\,\mathrm{mm}^2$

(6) 최소 철근량 검토

$$A_{s.min} = 0.002\,A_c = 0.002 \times 300 \times 770 = 462\,\text{mm}^2$$

$$A_s = 4{,}690\,\text{mm}^2 > 462\,\text{mm}^2$$ 〈적합〉

7.2.5 도로교설계기준 한계상태설계법(2012)

(1) 압축철근의 필요 여부 검토

압축철근이 없는 경우의 최대 허용중립축 깊이(모멘트 재분배율을 1로 가정)

$$c_{max} = \left(\frac{\delta\varepsilon_{cu}}{0.0033} - 0.6\right)d = \left(\frac{1 \times 0.0033}{0.0033} - 0.6\right)770 = 308\,\text{mm}$$

최대 허용중립축 깊이에 대한 휨모멘트(한계 휨모멘트)

$$M_{lim} = \alpha\, f_{cd}\, b\, c_{max}\,(d - \beta c_{max})$$

$$= 0.80 \times 14.92 \times 300 \times 308(770 - 0.41 \times 308) \times 10^{-6}$$

$$= 710.0\,\text{kN}\cdot\text{m}$$

$M_u > M_{lim}$이므로 압축철근이 필요

(2) 압축철근이 부담해야 하는 휨강도

단철근 보에서 인장철근이 항복하며 저항할 수 있는 한계 휨모멘트 M_{lim}을 초과하는 휨모멘트 정도인 $M_u - M_{lim}$을 압축철근이 부담하도록 하면, 압축철근의 응력 f'_s은 단면 변형률의 기하학적 조건에 의해,

$$\phi_s f'_s = \varepsilon'_s E_s = \varepsilon_{cu}\left(\frac{c_{max} - d'}{c_{max}}\right)E_s > f_{yd}$$

$$= 0.0033 \times \left(\frac{308 - 64}{308}\right) \times 2 \times 10^5 = 522.9\,\text{MPa} > 380\,\text{MPa}$$

이는 압축철근도 항복하는 경우로서

$$\phi_s f'_s = f_{yd} = 380\,\text{MPa}$$

(3) 소요 철근량 계산

초과 모멘트에 견디기 위한 소요 압축철근량

$$A'_s = \frac{M_u - M_{\text{lim}}}{\phi_s f'_s (d - d')} = \frac{(1{,}080 - 710.0) \times 10^6}{380 \times (770 - 64)} = 1{,}379\,\text{mm}^2$$

소요 인장철근량은 콘크리트의 압축력에 대응하는 인장철근이 분담하는 휨모멘트에 대해 필요한 철근량과 압축철근과 짝힘을 이루어 저항하는 휨모멘트에 필요한 철근량을 합산하여 구한다.

$$A_s = \frac{M_{\text{lim}}}{\phi_s f_y z} + A_s' \frac{f_s'}{f_y} = \frac{710.0 \times 10^6}{380 \times (770 - 0.41 \times 308)} + 1379 \times \frac{f_y}{f_y}$$

$$= 4{,}282\,\text{mm}^2$$

(4) 최소 철근량 검토

$$A_{s,\min} = \frac{0.25\sqrt{f_{ck}}}{f_y} b_w d = \frac{0.25 \times \sqrt{27}}{400} \times 300 \times 770 = 750.2\,\text{mm}^2$$

$$A_{s,\min} = \frac{1.4}{f_y} b_w d = \frac{1.4}{400} \times 300 \times 770 = 808.5\,\text{mm}^2$$

인장철근 보강이 요구되는 보의 모든 단면에 대하여 철근의 단면적은 두 값 중 큰 값 이상이어야 한다.

$$A_s = 4{,}282\,\text{mm}^2 > 808.5\,\text{mm}^2$$ 〈적합〉

7.3 T형 단면 보

계수 휨모멘트 $M_u = 538\,\text{kN·m}$를 지지하기 위해 필요로 하는 T형 단면 보의 철근량을 결정하여라. 콘크리트 설계기준압축강도 $f_{ck} = 27\,\text{MPa}$이고, 철근의 설계기준항복강도 $f_y = 400\,\text{MPa}$이다.

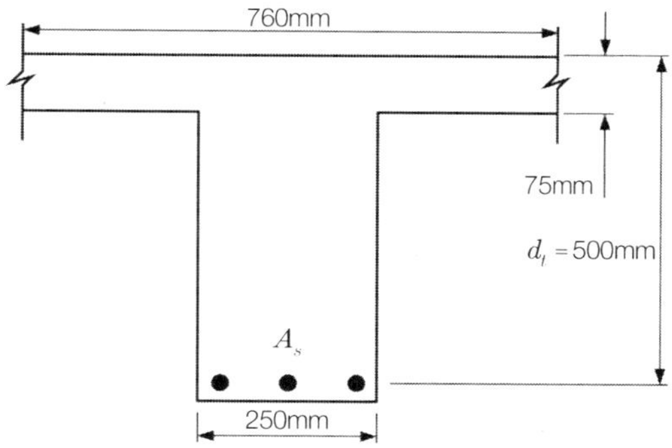

7.3.1 콘크리트구조기준(2012)과 ACI 318-11

(1) 소요 철근량의 결정

등가직사각형 응력분포 깊이 a의 계산(인장지배 단면으로 가정 $\phi = 0.85$)

$$M_n = \frac{M_u}{\phi} = \frac{538}{0.85} = 632.9\,\text{kN·m}$$

$a < 75\,\text{mm}$로 가정

$$\frac{M_u}{\phi f_{ck} b d^2} = \frac{538 \times 10^6}{0.85 \times 27 \times 760 \times 500^2} = 0.12$$

$$M_u = \phi M_n = \phi \rho f_y b d^2 (1 - 0.59 \frac{\rho f_y}{f_{ck}})$$

$$w = \frac{\rho f_y}{f_{ck}} \text{ 로 놓으면 } \frac{M_u}{\phi f_{ck} b d^2} = w(1 - 0.59w)$$

따라서 $0.59w^2 - w + 0.12 = 0$

$$w = \frac{1 \pm \sqrt{1 - 4 \times 0.59 \times 0.12}}{2 \times 0.59} = 0.13(-\text{ 취함})$$

$$a = \frac{A_s f_y}{0.85 f_{ck} b} = \frac{\rho d f_y}{0.85 f_{ck}} = 1.18wd$$

$$= 1.18 \times 0.13 \times 500 = 76.7\,\text{mm} > 75\,\text{mm}$$

$a > t_f$ 이므로, 등가직사각형 응력분포 깊이는 복부까지 연장되어 T형 단면보로 설계

(2) 압축 영역의 플랜지에서 복부폭을 제외한 플랜지 영역에 대응되는 소요 철근량 A_{sf} 및 플랜지의 공칭휨강도 M_{nf}의 계산

플랜지의 압축강도 C_f의 계산

$$C_f = 0.85 f_{ck}(b - b_w)t_f = 0.85 \times 27 \times (760 - 250) \times 75 \times 10^{-3} = 877.8\,\text{kN}$$

C_f에 대응되는 소요 철근량 A_{sf}의 계산

$$A_{sf} = \frac{C_f}{f_y} = \frac{(877.8 \times 10^3)}{400} = 2,194.5\,\text{mm}^2$$

플랜지의 공칭휨강도

$$M_{nf} = \left[A_{sf} f_y \left(d - \frac{t_f}{2}\right)\right] = \left[2,194.5 \times 400 \times \left(500 - \frac{75}{2}\right)\right] \times 10^{-6}$$

$$= 405.98\,\text{kN}\cdot\text{m}$$

그러므로 보의 복부에서 지지해야 할 소요 공칭휨강도는

$$M_{nw} = M_n - M_{nf} = 632.9 - 405.98 = 226.92\,\text{kN}\cdot\text{m}$$

(3) 복부에서 지지하는 휨모멘트를 충족시키기 위해 필요로 하는 철근량 A_{sw} 계산

$$\frac{M_{nw}}{f_{ck} b d^2} = \frac{226.92 \times 10^6}{27 \times 250 \times 500^2} = 0.13$$

$$\frac{M_{nw}}{f_{ck} b d^2} = w(1 - 0.59w)$$

$0.59w^2 - w + 0.13 = 0$

$$w = \frac{1 \pm \sqrt{1 - 4 \times 0.59 \times 0.13}}{2 \times 0.59} = 0.14$$

$$w = \frac{\rho_w f_y}{f_{ck}} \text{ 로부터 } \rho_w = \frac{w f_{ck}}{f_y} = \frac{(0.14 \times 27)}{400} = 0.0095$$

그러므로 $A_{sw} = \rho_w \cdot b_w \cdot d = 0.0095 \times 250 \times 500 = 1,187.5\,\text{mm}^2$

따라서 계수 휨모멘트 $M_u = 538\,\text{kN} \cdot \text{m}$를 지지하기 위해 필요로 하는 전체 철근량

$$A_s = A_{sf} + A_{sw} = 2,194.5 + 1,187.5 = 3,382\,\text{mm}^2$$

인장지배 단면인지 검토

$$\rho_{max} = 0.625\rho_b = 0.0183$$

$\rho_w = 0.0095 < \rho_{max} = 0.0183$ 그러므로 인장지배 단면, 따라서 $\phi = 0.85$

(4) 최소 철근량 검토

$$A_{s,min} = \frac{0.25\sqrt{f_{ck}}}{f_y} b_w d = \frac{0.25 \times \sqrt{27}}{400} \times 250 \times 500 = 405.9\,\text{mm}^2$$

$$A_{s,min} = \frac{1.4}{f_y} b_w d = \frac{1.4}{400} \times 250 \times 500 = 437.5\,\text{mm}^2$$

인장철근의 단면적은 두 값 중 큰 값 이상이어야 한다.

$A_s = 3,382\,\text{mm}^2 > 437.5\,\text{mm}^2$ 〈적합〉

7.3.2 CSA-A23.3-04

$\phi_c = 0.65$(콘크리트), $\phi_s = 0.85$(철근)

$\alpha_1 = 0.85 - 0.0015 f'_c = 0.8095 \quad (\geq 0.67)$

$$\beta_1 = 0.97 - 0.0025 f'_c = 0.9025 \quad (\geq 0.67)$$

(1) 중립축 위치 검토

중립축 깊이(c) 대비 유효깊이(d) 비율의 상한값 제한 검토

$$\frac{c}{d} \leq \frac{700}{700 + f_y}$$

$$c \leq 318.2\,\mathrm{mm}$$

평형상태의 중립축 깊이 $c_b = 318.2\,\mathrm{mm}$ 이며,

등가직사각형 응력블록의 깊이 $a_b = \beta_1 c_b = 287.2\,\mathrm{mm}$ 이다.

플랜지 전체 폭을 고려하여 계수 휨모멘트 $M_u = 538\,\mathrm{kN \cdot m}$ 를 지지하기 위한 직사각형 응력블록의 깊이 계산

$$\phi_c \alpha_1 f'_c a\, b_f \left(d - \frac{a}{2}\right) = M_u \text{ 에서}$$

$$a = d - \sqrt{d^2 - \frac{2\,M_u}{\phi_c \alpha_1 f'_c b_f}} = 500 - \sqrt{500^2 - \frac{2 \times 538 \times 10^6}{0.65 \times 0.8095 \times 27 \times 760}}$$

$$= 112.3\,\mathrm{mm}$$

$a > t_f$ 이므로, 등가직사각형 응력분포 깊이는 복부까지 연장되어 T형 단면보로 설계

(2) 압축 영역의 플랜지에서 복부폭을 제외한 플랜지 영역에 대응되는 소요 철근량 A_{sf} 및 플랜지의 공칭휨강도 M_{nf} 의 계산

플랜지의 압축강도 C_f 의 계산

$$C_f = \phi_c \alpha_1 f'_c (b_f - b_w) t_f$$

$$= 0.65 \times 0.8095 \times 27 \times (760 - 250) \times 75 \times 10^{-3} = 543.4\,\mathrm{kN}$$

C_f 에 대응되는 소요 철근량 A_{sf} 의 계산

$$A_{sf} = \frac{C_f}{\phi_s f_y} = \frac{543.4 \times 10^3}{0.85 \times 400} = 1{,}598.2\,\mathrm{mm}^2$$

플랜지의 설계휨강도

$$M_f = C_f\left(d - \frac{t_f}{2}\right) = 543.4\times10^3\times\left(500 - \frac{75}{2}\right)\times10^{-6} = 251.3\,\mathrm{kN\cdot m}$$

그러므로 보의 복부에서 지지해야 할 소요 설계휨강도는

$$M_w = M_u - M_f = 538 - 251.3 = 286.7\mathrm{kN\cdot m}$$

(3) 복부에서 지지하는 휨모멘트를 충족시키기 위해 필요로 하는 철근량 A_{sw} 계산

복부에서 부담해야 할 설계휨강도에 대한 중립축 깊이

$$a = d - \sqrt{d^2 - \frac{2M_w}{\phi_c\alpha_1 f'_c b_w}}$$

$$= 500 - \sqrt{500^2 - \frac{2\times286.7\times10^6}{0.65\times0.8095\times27\times250}} = 202.4\,\mathrm{mm}$$

$a < a_b$이므로 압축철근이 필요하지 않음

복부에서 부담해야 할 설계휨강도에 대한 소요 철근량

$$A_{sw} = \frac{M_w}{\phi_s f_y\left(d - \frac{a}{2}\right)} = \frac{286.7\times10^6}{0.85\times400\times\left(500 - \frac{202.4}{2}\right)} = 2{,}114.4\,\mathrm{mm}^2$$

따라서 계수 휨모멘트 $M_u = 538\,\mathrm{kN\cdot m}$를 지지하기 위해 필요로 하는 전체 철근량

$$A_s = A_{sf} + A_{sw} = 1{,}598.3 + 2{,}114.4 = 3{,}712.7\mathrm{mm}^2$$

(4) 최소 철근량 검토

단면 깊이 $h = 550\,\mathrm{mm}$라 하면,

$$A_{s,\min} = \frac{0.2\sqrt{f'_c}}{f_y}b_t h = \frac{0.2\times\sqrt{27}}{400}\times250\times550 = 357.2\,\mathrm{mm}^2$$

$A_s = 3{,}712.7\,\mathrm{mm}^2 > 357.2\,\mathrm{mm}^2$ 〈적합〉

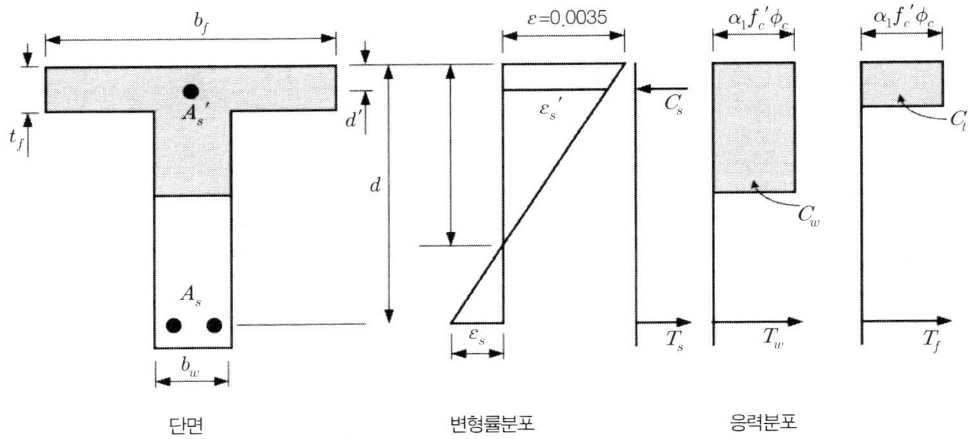

7.3.3 Eurocode 2

$\alpha_{cc} = 1$(EC2 추천값, 나라마다 다를 수 있음)

1) 직사각형 응력분포를 이용한 계산

$\lambda = 0.8 \ (f_{ck} \leq 50\text{MPa})$

$\eta = 1.0 \ (f_{ck} \leq 50\text{MPa})$

(1) 중립축 위치 검토

계수 K'는 복철근 보 계산 참조

$$K = \frac{M}{f_{ck} b d^2} = \frac{538 \times 10^6}{760 \times 500^2 \times 27} = 0.105$$

$$K' = 0.546\delta - 0.136\delta^2 - 0.214$$

모멘트 재분배율을 1로 가정(즉, 모멘트 재분배 없음)

$$K' = 0.546 \times 1 - 0.136 \times 1^2 - 0.214 = 0.196$$

$$z = \frac{d[1+\sqrt{1-3K}]}{2} = \frac{500\times[1+\sqrt{1-3\times0.105}]}{2} = 457\text{mm}$$

(모멘트 팔 길이는 복철근 보 계산 참조)

$$x = 2.5(d-z) = 2.5\times(500-457) = 107.5\text{mm}$$

$x = 107.5\,\text{mm} \; > 1.25\times h_f = 93.75\text{mm}$ 이므로, T형 단면 보로 설계

(2) 플랜지의 휨강도

$$M_f = \eta\frac{\alpha_{cc}f_{ck}}{\gamma_c}(b-b_w)h_f\left(d-\frac{h_f}{2}\right)$$

$$= 1\times\frac{1\times27}{1.5}\times(760-250)\times75\times\left(500-\frac{75}{2}\right)\times10^{-6} = 318\,\text{kN}\cdot\text{m}$$

$$K_f = \frac{M-M_f}{f_{ck}b_w d^2} = \frac{(538-318)\times10^6}{27\times250\times500^2} = 0.130$$

$K_f = 0.130 \le K' = 0.196$ 〈적합〉

(3) 소요 철근량 계산

$$f_{yd} = \frac{f_y}{\gamma_s} = \frac{400}{1.15} = 347.8\text{MPa}$$

$$A_s = \frac{M_f}{f_{yd}\left(d-\frac{h_f}{2}\right)} + \frac{(M-M_f)}{f_{yd}z} = \frac{318\times10^6}{347.8\times\left(500-\frac{75}{2}\right)} + \frac{(538-318)\times10^6}{347.8\times457}$$

$$= 3{,}361\,\text{mm}^2$$

(4) 최소 철근량 검토

$$f_{ctm} = 0.3f_{ck}^{\left(\frac{2}{3}\right)} \qquad (f_{ck} \le 50\text{MPa})$$

$$A_{s.min} = 0.26\frac{f_{ctm}}{f_y}b_t d > 0.0013 b_t d$$

$$A_{s.min} = 0.26\frac{f_{ctm}}{f_y}b_t d = 0.26 \times \frac{0.30 \times 27^{\left(\frac{2}{3}\right)}}{400} \times 250 \times 500 = 219\,\mathrm{mm}^2$$

$$A_{s.min} = 0.0013 b_t d = 0.0013 \times 250 \times 500 = 162.5\,\mathrm{mm}^2$$

$A_s = 3{,}361\,\mathrm{mm}^2 > 219\,\mathrm{mm}^2$ 〈적합〉

(5) 최대 철근량 검토

$$A_c = b_w d + (b_{eff} - b_w)h_f = 250 \times 500 + (760 - 250) \times 75 = 163{,}250\,\mathrm{mm}^2$$

$$A_{s.max} = 0.04A_c = 0.04 \times 163{,}250 = 6{,}530\,\mathrm{mm}^2$$

$A_s = 3{,}361\mathrm{mm}^2 < 6{,}530\,\mathrm{mm}^2$ 〈적합〉

7.3.4 JSCE(2007)

재료계수 : $\gamma_c = 1.3$(콘크리트), $\gamma_s = 1.0$(철근)

부재계수 : $\gamma_b = 1.1$(휨)

콘크리트 설계압축강도 : $f_{cd}' = \dfrac{f_{ck}'}{\gamma_c} = \dfrac{27}{1.3} = 20.8\,\mathrm{MPa}$

콘크리트 최대 압축응력계수 : $k_1 = 1 - 0.003 f_{ck}' = 0.85$ ($\because k_1 \le 0.85$) 및

극한압축변형률 : $\varepsilon_{cu}' = \dfrac{155 - f_{ck}'}{30{,}000} = 0.0035$($\because 0.0025 \le \varepsilon_{cu}' \le 0.0035$)

중립축 깊이 대비 직사각형 응력블록 깊이 비 : $\beta = 0.52 + 80\varepsilon_{cu}' = 0.8$

철근 인장 설계항복강도 : $f_{yd} = \dfrac{f_{yk}}{\gamma_s} = 400\,\mathrm{MPa}$

철근 압축 설계항복강도 : $f_{yd}' = \dfrac{f_{yk}'}{\gamma_s} = 400\,\mathrm{MPa}$

1) 직사각형 응력분포를 이용한 계산

(1) 플랜지의 휨강도

계산의 편의를 위하여 복부에 배치될 총인장 철근량 A_s를 A_{s1} 및 A_{s2}로 구분한다. A_{s1}은 두께 75mm의 상부 플랜지의 압축력에 대응하는 인장철근량이고, A_{s2}는 플랜지를 제외한 복부의 압축력에 대응하는 인장철근량이다. 먼저 T형 보의 플랜지 전단면이 $k_1 f_{cd}' = 20.8\,\mathrm{MPa}$의 균일한 압축응력이 작용한다고 가정한다. 이 경우 인장철근량 A_{s1}과 이로 인한 설계휨강도 M_{ud1}은 다음과 같이 결정된다.

$$A_{s1} = \frac{k_1 f_{cd}' t_f b_f}{f_{yd}} = \frac{20.8 \times 75 \times 760}{400} = 2{,}960\,\mathrm{mm}^2$$

$$M_{ud1} = A_{s1} f_{yd}\left(d - \frac{t_f}{2}\right)\frac{1}{\gamma_b} = 2{,}960 \times 400 \times \left(500 - \frac{75}{2}\right)\frac{1}{1.1} = 498\,\mathrm{kN \cdot m}$$

계수 휨모멘트 $M_u = 538\,\mathrm{kN \cdot m}$가 M_{ud1}보다 크므로, T형 보 단면의 중립축은 복부에 존재하고 복부의 콘크리트 또한 압축응력에 저항한다.

(2) 복부에서 지지하는 휨모멘트

보의 복부에서 지지해야 할 소요 휨강도

$$M_u - M_{ud1} = 40\,\mathrm{kN \cdot m}$$

보의 복부에 추가로 작용하는 압축력

$$F_{c2} \approx \frac{(M_u - M_{ud1})\gamma_b}{d - t_f - 0.5t_f} = \frac{40{,}000{,}000 \times 1.1}{500 - 75 - 0.5 \times 75} \times 10^{-3} = 113{,}000\,\mathrm{N}$$

위 식은 보수적인 설계를 위하여 근사적으로 복부의 등가압축응력블록의 깊이를 $0.5t_f$로 가정하여 계산한 식이다. 이로부터 플랜지 하단으로부터 계산되는 복부의 등가압축응력블록의 실제 깊이$(\beta c)_2$와 하부에 추가되는 인장철근량 A_{s2}는 다음과 같다.

$$(\beta c)_2 = \frac{F_{c2}}{k_1 f_{cd}' b_w} = \frac{113{,}000}{20.8 \times 250} = 21.7\,\mathrm{mm}$$

$$A_{s2} = \frac{F_{c2}}{f_{yd}} = \frac{113,000}{400} = 283\,\mathrm{mm}^2$$

가정한 복부 등가응력블록 깊이 $t_f = 75\,\mathrm{mm}$ 와 계산된 깊이가 $(\beta c)_2 = 21.7\,\mathrm{mm}$ 가 다르므로, 복부 압축에 의한 휨강도 M_{ud2} 는 실제 배근된 $A_{s2} = 283\,\mathrm{mm}^2$ 에 대하여 재계산해야 한다.

$$M_{ud2} = A_{s2} f_{yd}\left(d - t_f - \frac{(\beta c)_2}{2}\right)\frac{1}{\gamma_b}$$

$$= 283 \times 400 \times \left(500 - 75 - \frac{21.7}{2}\right)\frac{1}{1.1} \times 10^{-6}$$

$$= 42.6\,\mathrm{kN \cdot m}$$

T형 단면 보의 휨강도

$$M_{ud} = M_{ud1} + M_{ud2} = 498 + 42.6 = 541\,\mathrm{kN \cdot m} \geq M_u (= 538\,\mathrm{kN \cdot m})$$

(3) T형 단면 보의 최종 철근량

$$A_s = A_{s1} + A_{s2} = 2,960 + 283 = 3,240\,\mathrm{mm}^2$$

(4) 최소 철근량 검토

$$A_{s.\min} = 0.003\,A_{c,eff} = 0.003 \times b_w \times d = 0.003 \times 250 \times 500 = 375\,\mathrm{mm}^2$$

$A_s = 3,240\,\mathrm{mm}^2 > 375\,\mathrm{mm}^2$ 〈적합〉

7.3.5 도로교설계기준 한계상태설계법(2012)

(1) 중립축 위치 검토

중립축의 깊이 c 계산

$c \leq 75\,\mathrm{mm}$ 가정할 때, $C = \alpha f_{cd} bc = f_{yd} A_s = T$ 이므로

$M_{design} = T(d-\beta c) = f_{yd}A_s(d-\beta c) = \alpha f_{cd}bc(d-\beta c) \geq M_u$ 에 의해

$$-\beta c^2 + dc \geq \frac{M_u}{\alpha f_{cd} b} \Rightarrow -0.41c^2 + 500c \geq \frac{538\times 10^6}{0.80\times 14.92\times 760}$$

$$\Rightarrow c = 133.2\,\mathrm{mm} > 75\,\mathrm{mm}$$

$c > t_f$ 이므로, 응력분포 깊이는 복부까지 연장되어 T형 단면 보로 설계

(2) 압축 영역의 플랜지에서 복부폭을 제외한 플랜지 영역에 대응되는 소요 철근량

플랜지의 압축강도 C_f 의 계산

$$C_f = \alpha f_{cd}(b-b_w)t_f = 0.80\times 14.92\times(760-250)\times 75\times 10^{-3} = 456.6\,\mathrm{kN}$$

C_f 에 대응되는 소요 철근량 A_{sf} 의 계산(인장철근의 항복 가정)

$$A_{sf} = \frac{C_f}{f_{yd}} = \frac{(456.6\times 10^3)}{380} = 1{,}201.6\,\mathrm{mm}^2$$

플랜지의 설계휨강도(플랜지(t_f) 구간이 $\varepsilon_{co} < \varepsilon_c \leq \varepsilon_{cu}$ 구간에 위치한다고 가정)

$$M_f = \left[A_{sf}f_{yd}\left(d-\frac{1}{2}t_f\right)\right] = [1{,}201.6\times 380\times(500-0.5\times 75)]\times 10^{-6}$$

$$= 211.2\,\mathrm{kN\cdot m}$$

그러므로 보의 복부에서 지지해야 할 소요 설계휨강도는

$$M_w = M_u - M_f = 538 - 211.2 = 326.8\,\mathrm{kN\cdot m}$$

(3) 복부에서 지지하는 휨모멘트를 충족시키기 위해 필요로 되는 철근량 A_{sw} 계산

최대 허용중립축 깊이(모멘트 재분배율을 1로 가정)

$$c_{max} = \left(\frac{\delta\varepsilon_{cu}}{0.0033} - 0.6\right)d = \left(\frac{1\times 0.0033}{0.0033} - 0.6\right)500 = 200.0\,\mathrm{mm}$$

$$\varepsilon_c = \varepsilon_{cu}\frac{c-t_f}{c} = 0.0033\times\frac{200.0-75}{200.0} = 0.00206 > 0.002 = \varepsilon_{co}$$

따라서 플랜지(t_f) 구간이 $\varepsilon_{co} < \varepsilon_2 \le \varepsilon_{cu}$ 구간에 위치한다는 가정 성립

철근의 항복 여부 검토

$$A_{sw} = \frac{\alpha f_{cd} b_w c}{f_{yd}} = \frac{0.80 \times 14.92 \times 250 \times 200.0}{380} = 1{,}570.5\,\mathrm{mm}^2$$

따라서 계수 휨모멘트 $M_u = 538\,\mathrm{kN \cdot m}$을 지지하기 위해 필요로 하는 전체 철근량

$$A_s = A_{sf} + A_{sw} = 1{,}201.6 + 1{,}570.5 = 2{,}772.1\,\mathrm{mm}^2$$

(4) 최소 철근량 검토

$$A_{s,\min} = \frac{0.25\sqrt{f_{ck}}}{f_y} b_w d = \frac{0.25 \times \sqrt{27}}{400} \times 250 \times 500 = 405.9\,\mathrm{mm}^2$$

$$A_{s,\min} = \frac{1.4}{f_y} b_w d = \frac{1.4}{400} \times 250 \times 500 = 437.5\,\mathrm{mm}^2$$

인장철근의 단면적은 두 값 중 큰 값 이상이어야 한다.

$A_s = 2{,}772.1\,\mathrm{mm}^2 > 437.5\,\mathrm{mm}^2$ 〈적합〉

7.4 직사각형 기둥

철근 : 4-D32, 띠철근 기둥

(A_{st} =3,177mm^2, $A_s = A_s{}'$ =1,588.5mm^2)

콘크리트 설계기준압축강도 : f_{ck} =30MPa

철근 설계기준항복강도 : f_y =400MPa

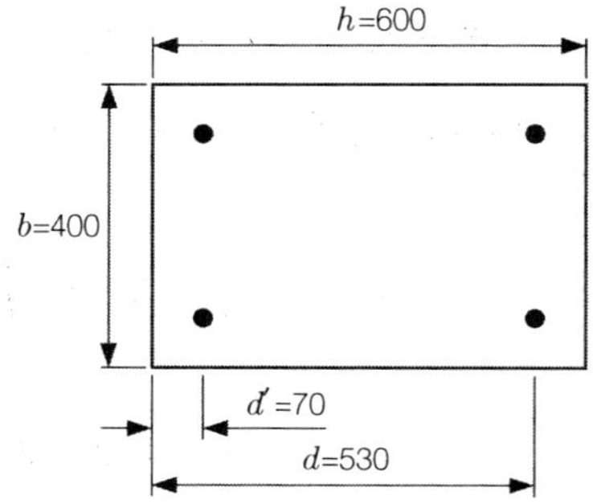

7.4.1 콘크리트구조기준(2012)과 ACI 318-11

(1) 중심축 하중

$A_g = 400 \times 600 = 240{,}000\,\text{mm}^2$

$P_o = 0.85 f_{ck}(A_g - A_{st}) + f_y A_{st}$

$\quad = 0.85(30)(240{,}000 - 3{,}177) + 400(3{,}177) = 7{,}310{,}000\,\text{N} = 7{,}310\,\text{kN}$

$P_n = 0.80 P_o = 0.80(7{,}310) = 5{,}848\,\text{kN}$

$\phi P_n = 0.65(5{,}848) = 3{,}801\,\text{kN}$

(2) 균형변형률 상태

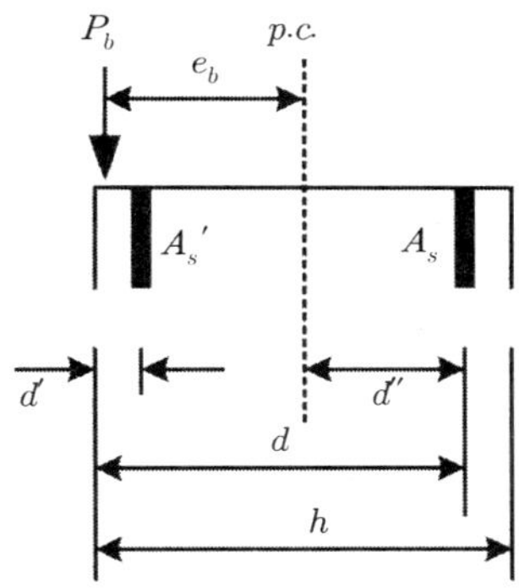

$\varepsilon_y = f_y / E_s = 400/200{,}000 = 0.002$

$c_b = \dfrac{0.003}{\varepsilon_y + 0.003} d = \dfrac{0.003}{0.002 + 0.003}(530)$

$\quad = 318\,\text{mm}$

$\beta_1 = 0.85 - 0.007(f_{ck} - 28) = 0.836$

$a_b = \beta_1 c_b = 0.836(318) = 266\,\text{mm}$

$\varepsilon_s' = 0.003 \dfrac{c_b - d'}{c_b}$

$\quad = 0.003 \dfrac{318 - 70}{318} = 0.00234$

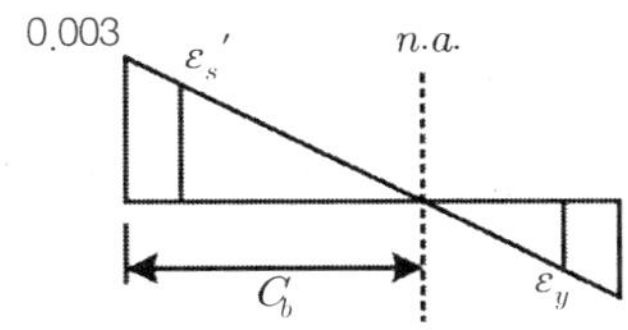

$\varepsilon_s' > \varepsilon_y$ 이므로, 압축철근 항복

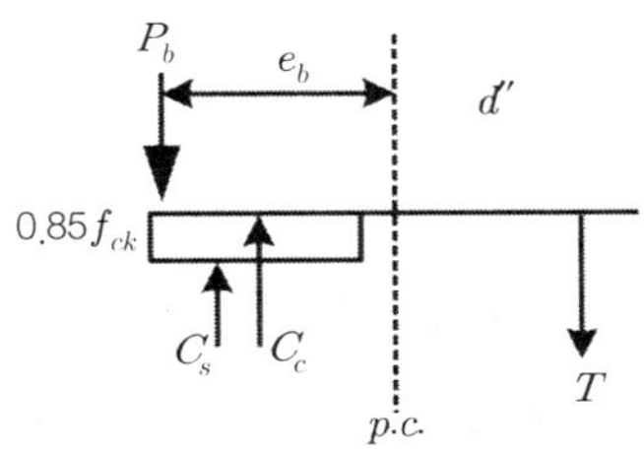

축강도와 휨강도

$T = A_s f_y = 1{,}588.5(400) = 635{,}400\,\text{N}$

$C_c = 0.85 f_{ck} a_b b = 0.85(30)(266)(400) = 2{,}711{,}000\,\text{N}$

$C_s = A_s'(f_y - 0.85 f_{ck})$

$\quad = 1{,}588.5[400 - 0.85(30)] = 594{,}900\,\text{N}$

$P_n = C_c + C_s - T = 2{,}671{,}000\,\text{N} = 2{,}671\,\text{kN}$

$$M_n = C_c\left(\frac{h}{2} - \frac{a}{2}\right) + C_s\left(\frac{h}{2} - d'\right) + T\left(\frac{d-d'}{2}\right)$$

$$= \frac{[2,711,000(\frac{600}{2} - \frac{266}{2}) + 594,900(\frac{600}{2} - 70) + 635,400(\frac{530-70}{2})]}{10^6}$$

$$= 736\text{kN}\cdot\text{m}$$

$$\phi P_n = 0.65(2,671) = 1,736\,\text{kN}$$

$$\phi M_n = 0.65(736) = 478\,\text{kN}\cdot\text{m}$$

(3) 압축지배 영역 : 편심, $e = \dfrac{M_u}{P_u} = 148\,\text{mm}$

$e < e_b$이므로, 인장철근은 항복하지 않음(압축철근 항복)

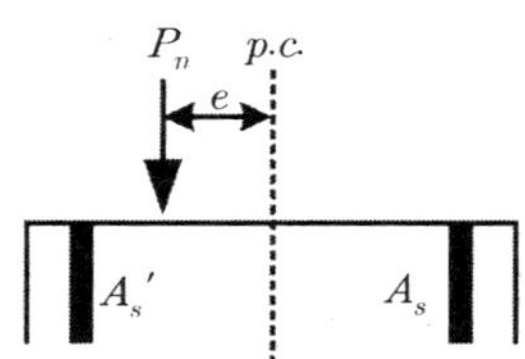

$$C_c = 0.85 f_{ck}\beta_1 x b = 8,527x$$

$$C_s = A_s'(f_y - 0.85 f_{ck}) = 594,900\,\text{N}$$

$$T = A_s\varepsilon_s E_s = A_s E_s(0.003)\frac{d-x}{x}$$

$$= 953,100\frac{530-x}{x}$$

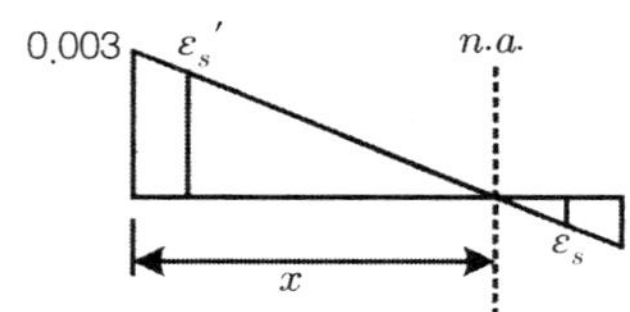

P_n의 위치와 각 힘과의 거리

$$arm_{C_s} = 152 - 70 = 82\,\text{mm}$$

$$arm_T = 530 - 152 = 378\,\text{mm}$$

$$arm_{C_c} = \frac{a}{2} - 152 = \frac{0.836x}{2} - 152 = 0.418x - 152$$

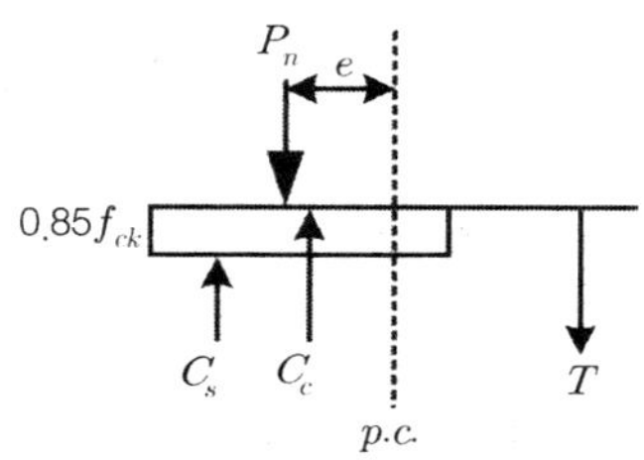

P_n의 위치를 중심으로 모멘트를 취하여 0이 되는 중립축의 값

$$C_s\,arm_{C_s} - C_c\,arm_{C_c} + T\,arm_T = 0$$

$$594,900(82) - 8,527x(0.418x - 152) + 953,100\frac{530-x}{x}(378) = 0$$

이 식의 해를 구하면, $x = 441\text{mm}$

공칭축강도와 공칭휨강도

$$C_c = 8{,}527x = 3{,}760{,}000\,\mathrm{N}$$

$$C_s = 594{,}900\,\mathrm{N}$$

$$T = 953{,}100\frac{530-x}{x} = 192{,}300\,\mathrm{N}$$

$$P_n = C_c + C_s - T = 4{,}351{,}000\,\mathrm{N} = 4{,}351\,\mathrm{kN}$$

$$M_n = P_n e = 4{,}351(0.148) = 644\,\mathrm{kN\cdot m}$$

$$\phi P_n = 0.65(4{,}351) = 2{,}828\,\mathrm{kN}$$

$$\phi M_n = 0.65(644) = 419\,\mathrm{kN\cdot m}$$

(4) 인장지배 영역 : 편심, $e = \dfrac{M_u}{P_u} = 320\,\mathrm{mm}$

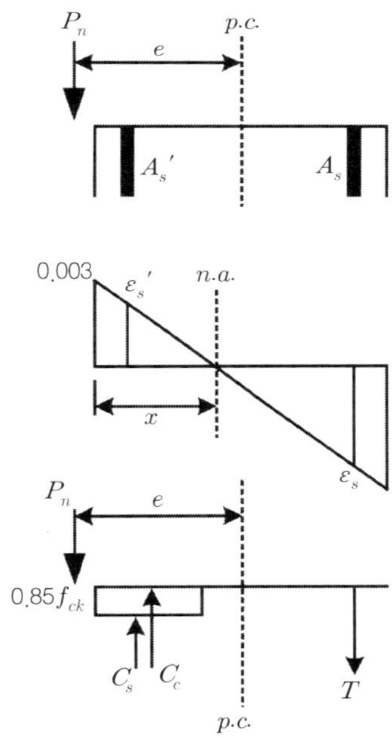

$e > e_b$이므로, 인장철근 항복

(압축철근은 항복하는 것으로 가정)

$$C_c = 0.85 f_{ck}\beta_1 x b = 8{,}527x$$

$$C_s = A_s'(f_y - 0.85 f_{ck}) = 594{,}900\,\mathrm{N}$$

$$T = A_s f_y = 1{,}588.5(400) = 635{,}400\,\mathrm{N}$$

P_n의 위치와 각 힘과의 거리

$$arm_{C_s} = 320 - 300 + 70 = 90\,\mathrm{mm}$$

$$arm_T = 320 + 300 - 70 = 550\,\mathrm{mm}$$

$$arm_{C_c} = 320 - 300 + \frac{0.836x}{2} = 20 + 0.418x$$

P_n의 위치를 중심으로 모멘트를 취하여 0이 되는 중립축의 값

$$C_s\,arm_{C_s} + C_c\,arm_{C_c} - T\,arm_T = 0$$

$$594{,}900(90) + 8{,}527x(20 + 0.418x) - 635{,}400(550) = 0$$

이 식의 해를 구하면, $x = 265\,\mathrm{mm}$

압축철근의 항복 여부에 대한 가정 검토

$$\varepsilon_{s1} = 0.003\frac{x-d_1}{x} = 0.003\frac{265-70}{265} = 0.00221 \rightarrow \text{가정과 같이 압축으로 항복}$$

축강도와 휨강도

$$C_c = 8,527x = 2,260,000\,\text{N}$$

$$C_s = 594,900\,\text{N}$$

$$T = 635,400\,\text{N}$$

$$P_n = C_c + C_s - T = 2,220,000\,\text{N} = 2,220\,\text{kN}$$

$$M_n = P_n e = 2,220(0.320) = 710\,\text{kN}\cdot\text{m}$$

$$\varepsilon_{s2} = 0.003\frac{d-x}{x} = 0.003\frac{530-265}{265} = 0.003 < 0.005\ ,\ \text{따라서 변화구간 단면}$$

변화구간 단면의 강도감소계수

(a) 콘크리트구조기준(2012)

$$\phi = \phi_c + \frac{\phi_f - \phi_c}{0.005-\varepsilon_y}(\varepsilon_t - \varepsilon_y)$$

$$= 0.65 + \frac{0.85-0.65}{0.005-0.002}(0.003-0.002) = 0.717$$

$$\phi P_n = 0.717(2,220) = 1,592\,\text{kN}$$

$$\phi M_n = 0.717(710) = 509\,\text{kN}\cdot\text{m}$$

(b) ACI 318-11

$$\phi = \phi_c + \frac{\phi_f - \phi_c}{0.005-\varepsilon_y}(\varepsilon_t - \varepsilon_y)$$

$$= 0.65 + \frac{0.90-0.65}{0.005-0.002}(0.003-0.002) = 0.733$$

$$\phi P_n = 0.733(2,220) = 1,627\,\text{kN}$$

$$\phi M_n = 0.733(710) = 520\,\text{kN}\cdot\text{m}$$

7.4.2 CSA-A23.3-04

(1) 중심축 하중

$\alpha_1 = 0.85 - 0.0015 f_c' = 0.805$

$A_g = 400 \times 600 = 240{,}000\,\text{mm}^2$

$P_{r,\max} = 0.80 P_{ro} = 0.80[\alpha_1 \phi_c f_c'(A_g - A_{st}) + \phi_s f_y A_{st}]$

$= 0.80[0.805(0.65)(30)(240{,}000 - 3{,}177) + 0.85(400)(3{,}177)]$

$= 3{,}838{,}000\,\text{N} = 3{,}838\,\text{kN}$

(2) 균형변형률 상태

$\varepsilon_y = f_y / E_s = 400/200{,}000 = 0.002$

$c_b = \dfrac{0.0035}{\varepsilon_y + 0.0035} d = \dfrac{0.0035}{0.002 + 0.0035}(530) = 337\,\text{mm}$

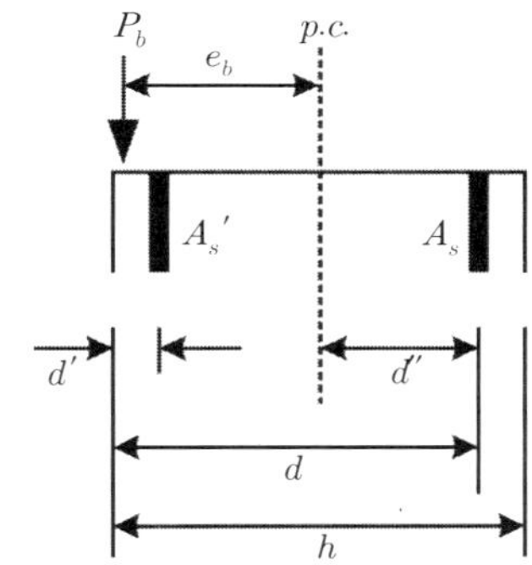

$\beta_1 = 0.97 - 0.0025 f_c' = 0.895$

$a_b = \beta_1 c_b = 0.895(337) = 302\,\text{mm}$

$\varepsilon_s' = 0.0035 \dfrac{c_b - d'}{c_b} = 0.0035 \dfrac{337 - 70}{337} = 0.00277$

$\varepsilon_s' > \varepsilon_y$ 이므로, 압축철근 항복

축강도와 휨강도

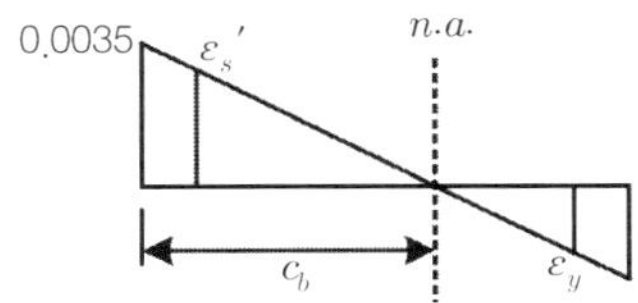

$T = A_s \phi_s f_y = 1{,}588.5(0.85)(400) = 540{,}100\,\text{N}$

$C_c = \alpha_1 \phi_c f_c' a_b b = 0.805(0.65)(30)(302)(400)$

$= 1{,}986{,}000\,\text{N}$

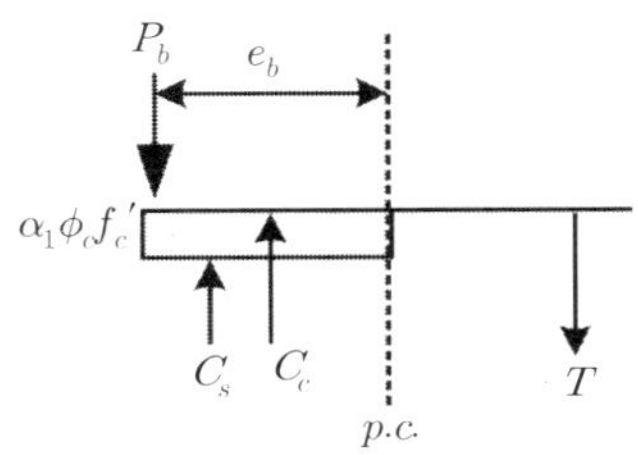

$C_s = A_s'(\phi_s f_y - \alpha_1 \phi_c f_c')$

$= 1{,}588.5[0.85(400) - 0.805(0.65)(30)]$

$= 515{,}200\,\text{N}$

$P_n = C_c + C_s - T = 1{,}961{,}000\,\text{N} = 1{,}961\,\text{kN}$

$$M_n = C_c\left(\frac{h}{2} - \frac{a}{2}\right) + C_s\left(\frac{h}{2} - d'\right) + T\left(\frac{d-d'}{2}\right)$$

$$= [1{,}986{,}000\left(\frac{600}{2} - \frac{302}{2}\right) + 515{,}200\left(\frac{600}{2} - 70\right)$$

$$+ 540{,}100\left(\frac{530-70}{2}\right)]/10^6$$

$$= 539\,\mathrm{kN\cdot m}$$

(3) 압축지배 영역 : 편심, $e = \dfrac{M_u}{P_u} = 148\,\mathrm{mm}$

$e < e_b$이므로, 인장철근은 항복하지 않음(압축철근 항복)

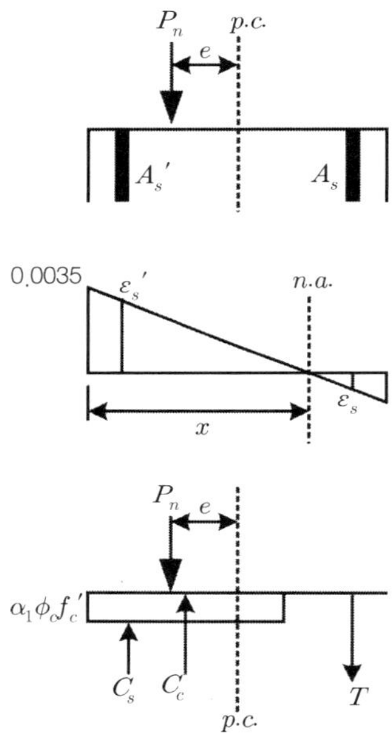

$$C_c = \alpha_1 \phi_c f_c' \beta_1 x b = 5{,}620x$$

$$C_s = A_s'(\phi_s f_y - \alpha_1 \phi_c f_c') = 515{,}200\,\mathrm{N}$$

$$T = A_s \phi_s \varepsilon_s E_s = 945{,}200\frac{530-x}{x}$$

P_r의 위치와 각 힘과의 거리

$$arm_{C_s} = 152 - 70 = 82\,\mathrm{mm}$$

$$arm_T = 530 - 152 = 378\,\mathrm{mm}$$

$$arm_{C_c} = \frac{a}{2} - 152 = \frac{0.895x}{2} - 152 = 0.448x - 152$$

P_r의 위치를 중심으로 모멘트를 취하여 0이 되는 중립축의 값

$$C_s\,arm_{C_s} - C_c\,arm_{C_c} + T\,arm_T = 0$$

$$515{,}200(82) - 5{,}620x(0.448x - 152) + 945{,}200\frac{530-x}{x}(378) = 0$$

이 식의 해를 구하면, $x = 442\,\mathrm{mm}$

축강도와 휨강도

$$C_c = 5{,}620x = 2{,}484{,}000\,\mathrm{N}$$

$$C_s = 515{,}200\,\mathrm{N}$$

$$T = 945,200\frac{530 - x}{x} = 188,200\,\text{N}$$

$$P_r = C_c + C_s - T = 2,811,000\,\text{N} = 2,811\,\text{kN}$$

$$M_r = P_r e = 2,811(0.148) = 416\,\text{kN}\cdot\text{m}$$

(4) 인장지배 영역 : 편심, $e = \dfrac{M_u}{P_u} = 320\,\text{mm}$

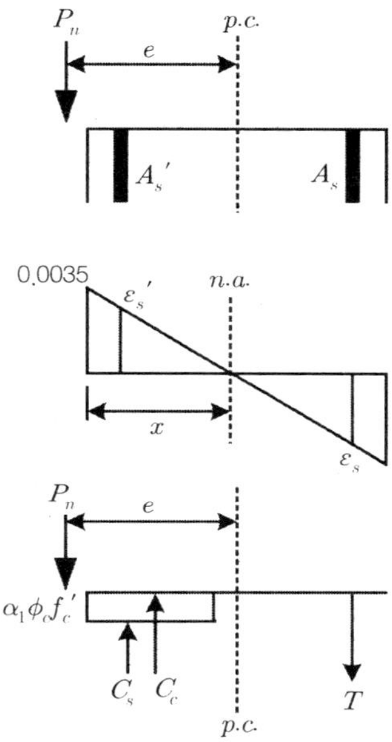

$e > e_b$이므로, 인장철근 항복

(압축철근은 항복하는 것으로 가정)

$$C_c = \alpha_1\phi_c f_{ck}\beta_1 xb = 5,620x$$

$$C_s = A_s'(\phi_s f_y - \alpha_1\phi_c f_c') = 515,200\,\text{N}$$

$$T = A_s\phi_s f_y = 1,588.5(0.85)(400)$$

$$= 540,100\,\text{N}$$

P_r의 위치와 각 힘과의 거리

$$arm_{C_s} = 320 - 300 + 70 = 90\,\text{mm}$$

$$arm_T = 320 + 300 - 70 = 550\,\text{mm}$$

$$arm_{C_c} = 320 - 300 + \frac{0.895x}{2} = 20 + 0.448x$$

P_r의 위치를 중심으로 모멘트를 취하여 0이 되는 중립축의 값

$$C_s\, arm_{C_s} + C_c\, arm_{C_c} - T\, arm_T = 0$$

$$515,200(90) + 5,620x(20 + 0.448x) - 540,100(550) = 0$$

이 식의 해를 구하면, $x = 294\,\text{mm}$

압축철근의 항복 여부에 대한 가정 검토

$$\varepsilon_{s1} = 0.0035\frac{x - d_1}{x} = 0.0035\frac{294 - 70}{294} = 0.00267$$ → 가정과 같이 압축으로 항복

축강도와 휨강도

$C_c = 5,620x = 1,652,000\,\text{N}$

$C_s = 515,200\,\text{N}$

$T = 540,100\,\text{N}$

$P_r = C_c + C_s - T = 1,627,000\,\text{N} = 1,627\,\text{kN}$

$M_r = P_r e = 1,627(0.320) = 521\,\text{kN}\cdot\text{m}$

7.4.3 Eurocode 2

(1) 중심축 하중

$$f_{cd} = \frac{\alpha_{cc} f_{ck}}{\gamma_c} = \frac{0.85(30)}{1.5} = 17\,\text{MPa}$$

$f_{yd} = f_{yk}/\gamma_s = 400/1.15 = 348\,\text{MPa}$

$\varepsilon_{yd} = f_{yd}/E_s = 348/200,000 = 0.00174$

$\varepsilon_{c2} = 0.002$, $\varepsilon_{yd} = 0.00174$이므로, 콘크리트가 최대 응력에 도달할 때 철근은 항복

$A_g = 400 \times 600 = 240,000\,\text{mm}^2$

$N = f_{cd}(A_g - A_{st}) + f_{yd}A_{st} = 17(240,000 - 3177) + 348(3177)$

$\quad = 5,132,000\,\text{N} = 5,132\,\text{kN}$

(2) 균형변형률 상태

$$c_b = \frac{\varepsilon_{cu2}}{\varepsilon_{yd} + \varepsilon_{cu2}} d = \frac{0.0035}{0.00174 + 0.0035}(530) = 354\,\text{mm}$$

$$\varepsilon_s{}' = \varepsilon_{cu2}\frac{c_b - d'}{c_b} = 0.0035\frac{354 - 70}{354} = 0.00281$$

$\varepsilon_s{}' > \varepsilon_{yd}$이므로, 압축철근 항복

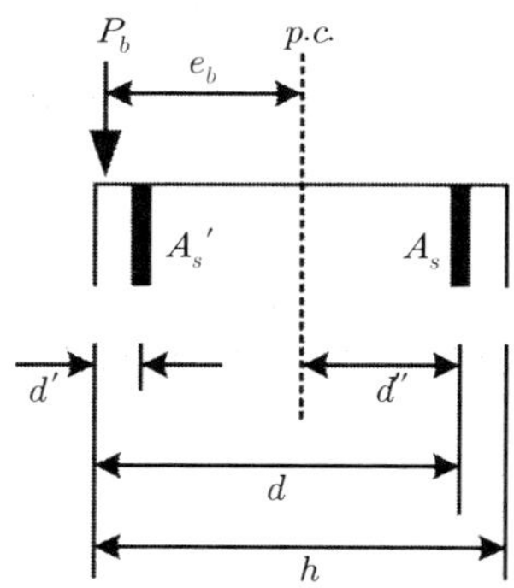

축강도와 휨강도

$\alpha = 0.810$, $\beta = 0.416$

$T = A_s f_{yd} = 1{,}588.5(348) = 552{,}800\,\text{N}$

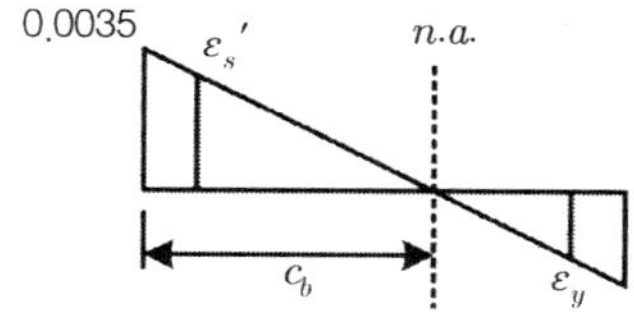

$C_c = \alpha f_{cd} c_b b = 0.810(17)(354)(400)$

$= 1{,}950{,}000\,\text{N}$

$\varepsilon_s' = 0.00281 > \varepsilon_{c2} = 0.002$이므로,

압축철근 위치의 콘크리트 응력은 f_{cd}

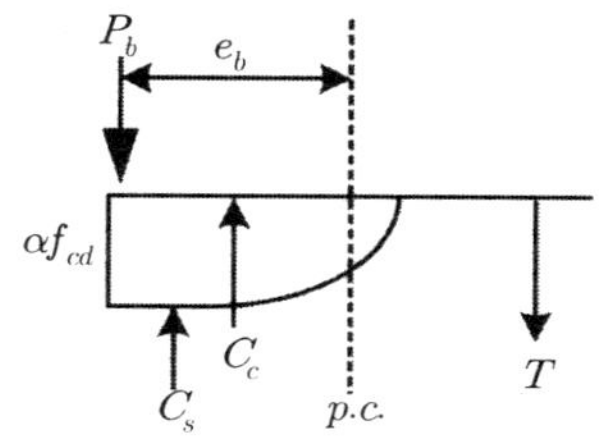

$C_s = A_s'(f_{yd} - f_{cd}) = 1{,}588.5(348 - 17)$

$= 525{,}800\,\text{N}$

$N = C_c + C_s - T = 1{,}923{,}000\,\text{N} = 1{,}923\,\text{kN}$

$$M = C_c\left(\frac{h}{2} - \beta c_b\right) + C_s\left(\frac{h}{2} - d'\right) + T\left(\frac{d - d'}{2}\right)$$

$$= 1{,}950{,}000\left(\frac{600}{2} - 0.416(354)\right) + 525{,}800\left(\frac{600}{2} - 70\right) + 552{,}800\left(\frac{530 - 70}{2}\right)$$

$$= 546{,}000{,}000\,\text{N}\cdot\text{mm} = 546\,\text{kN}\cdot\text{m}$$

(3) 압축지배 영역 : 편심, $e = \dfrac{M_d}{N_d} = 148\,\text{mm}$

$e < e_b$이므로, 인장철근은 항복하지 않음(압축철근 항복)

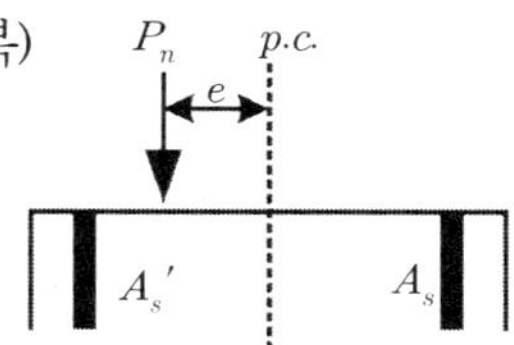

$C_c = \alpha f_{cd} x b = 5{,}508x$

ε_s'은 균형변형률 상태의 $\varepsilon_s' = 0.00281$보다 크므로,

$\varepsilon_s' \geq \varepsilon_{c2} = 0.002$

→ 압축철근 위치의 콘크리트 응력은 f_{cd}

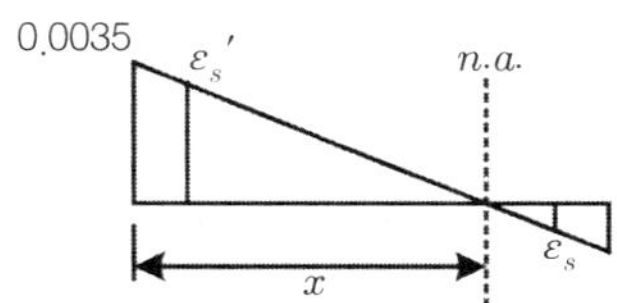

$C_s = A_s'(f_{yd} - f_{cd}) = 525{,}800\,\text{N}$

$T = A_s \varepsilon_s E_s = 1{,}112{,}000\dfrac{530 - x}{x}$

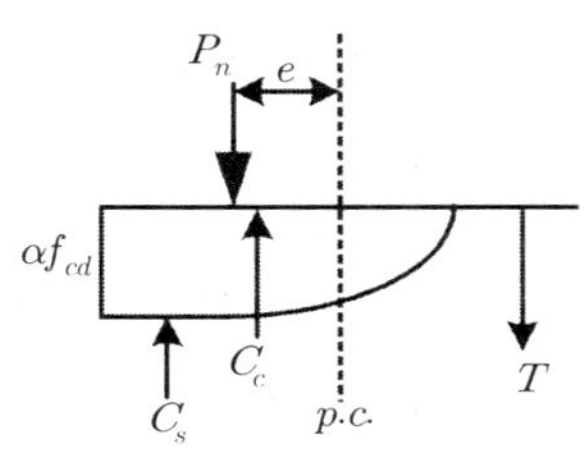

N 위치와 각 힘의 거리

$arm_{C_s} = 152 - 70 = 82\,\text{mm}$

$arm_T = 530 - 152 = 378\,\text{mm}$

$arm_{C_c} = \beta x - 152 = 0.416x - 152$

N 위치를 중심으로 모멘트를 취하여 0이 되는 중립축의 값

$$C_s\,arm_{C_s} - C_c\,arm_{C_c} + T\,arm_T = 0$$

$$515{,}200(82) - 5{,}508x(0.416x - 152) + 1{,}112{,}000\frac{530-x}{x}(378) = 0$$

이 식의 해를 구하면, $x = 463\,\mathrm{mm}$

축강도와 휨강도

$$C_c = 5{,}508x = 2{,}550{,}000\,\mathrm{N}$$

$$C_s = 525{,}800\,\mathrm{N}$$

$$T = 1{,}112{,}000\frac{530-x}{x} = 160{,}900\,\mathrm{N}$$

$$N = C_c + C_s - T = 2{,}915{,}000\,N = 2{,}915\,\mathrm{kN}$$

$$M = P_n e = 2{,}915(0.148) = 431\,\mathrm{kN\cdot m}$$

(4) 인장지배 영역 : 편심, $e = \dfrac{M_d}{N_d} = 320\,\mathrm{mm}$

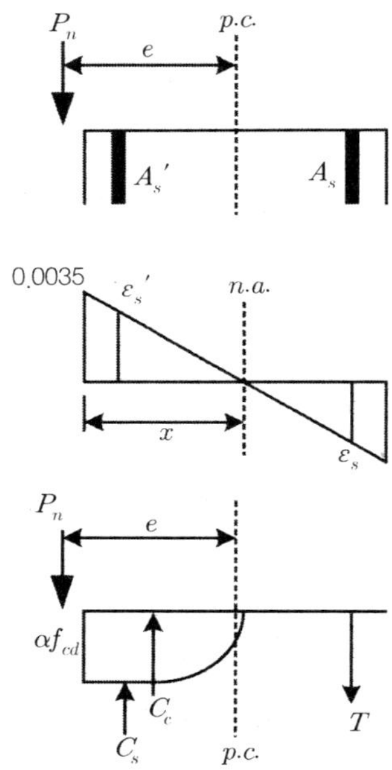

$e > e_b$이므로, 인장철근 항복

(압축철근은 항복하는 것으로 가정)

$$C_c = \alpha f_{cd} x b = 5{,}508x$$

$\varepsilon_s' \geq \varepsilon_{c2} = 0.002$로 가정

→ 압축철근 위치의 콘크리트 응력은 f_{cd}

$$C_s = A_s'(f_{yd} - f_{cd}) = 525{,}800\,\mathrm{N}$$

$$T = A_s f_{yd} = 1{,}588.5(348) = 552{,}800\,\mathrm{N}$$

N 위치와 각 힘의 거리

$$arm_{C_s} = 320 - 300 + 70 = 90\,\mathrm{mm}$$

$$arm_T = 320 + 300 - 70 = 550\,\mathrm{mm}$$

$$arm_{C_c} = 320 - 300 + 0.416x = 20 + 0.416x$$

N 위치를 중심으로 모멘트를 취하여 0이 되는 중립축의 값

$$C_s\, arm_{C_s} + C_c\, arm_{C_c} - T\, arm_T = 0$$

$$525{,}800(90) + 5{,}508x(20 + 0.416x) - 552{,}800(550) = 0$$

이 식의 해를 구하면, $x = 312\,\text{mm}$

압축철근의 항복 여부에 대한 가정 검토

$\varepsilon_s{}' = 0.0035\dfrac{x - d'}{x} = 0.0035\dfrac{312 - 70}{312} = 0.00272$ → 가정과 같이 압축으로 항복

$\varepsilon_s{}' \geq \varepsilon_{c2} = 0.002$ 여부에 대한 가정 검토

가정과 같이 $\varepsilon_s{}' = 0.00272 \geq \varepsilon_{c2} = 0.002$

축강도와 휨강도

$$C_c = 5{,}508x = 1{,}719{,}000\,\text{N}$$

$$C_s = 525{,}800\,\text{N}$$

$$T = 552{,}800\,\text{N}$$

$$N = C_c + C_s - T = 1{,}692{,}000\,N = 1{,}692\,\text{kN}$$

$$M = P_n e = 1{,}692(0.320) = 541\,\text{kN·m}$$

7.4.4 JSCE(2007)

(1) 중심축 하중

$k_1 = 1 - 0.003 f_{ck}{}' = 1 - 0.003(30) = 0.91$ 이므로, $k_1 = 0.85$

$f_{cd}{}' = f_{ck}{}'/\gamma_m = 30/1.3 = 23\,\text{MPa}$

$f_{yd}{}' = f_{yk}/\gamma_m = 400/1.0 = 400\,\text{MPa}$

$A_g = 400 \times 600 = 240{,}000\,\text{mm}^2$

$$N_{oud}{}' = (k_1 f_{cd}{}' A_c + f_{yd}{}' A_{st})/\gamma_b = [0.85(23)(240{,}000 - 3177) + 400(3177)]/1.3$$

$$= 4{,}539{,}000\,\text{N} = 4{,}539\,\text{kN}$$

(2) 균형변형률 상태

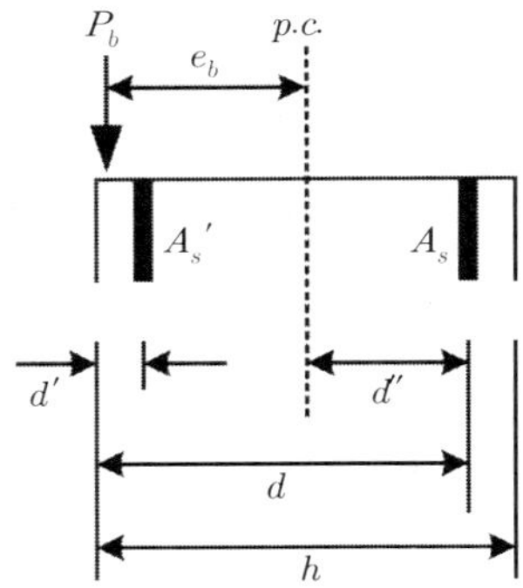

$$\varepsilon_{cu}' = \frac{155 - f_{ck}'}{30000} = 0.0042 \text{ 이므로, } \varepsilon_{cu}' = 0.0035$$

$$\varepsilon_{yd}' = f_{yd}'/E_s = 400/200{,}000 = 0.002$$

$$c_b = \frac{\varepsilon_{cu}'}{\varepsilon_{yd}' + \varepsilon_{cu}'} d = \frac{0.0035}{0.002 + 0.0035}(530) = 337\,\text{mm}$$

$$\varepsilon_s' = \varepsilon_{cu}' \frac{c_b - d'}{c_b} = 0.0035 \frac{337 - 70}{337} = 0.00277$$

$\varepsilon_s' > \varepsilon_{yd}'$ 이므로, 압축철근 항복

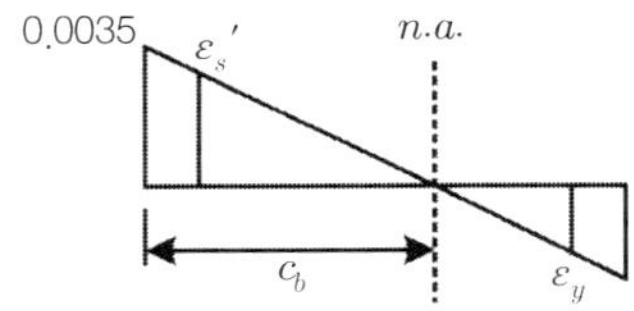

축강도와 휨강도

$\alpha = 0.810, \ \beta = 0.416$

$T = A_s f_{yd}' = 1{,}588.5(400) = 635{,}400\,\text{N}$

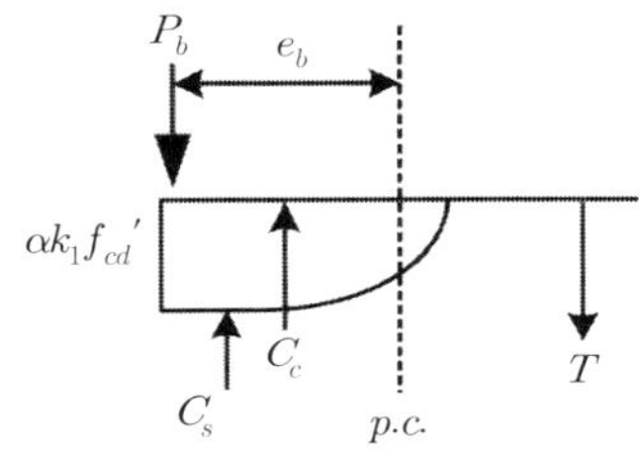

$$C_c = \alpha k_1 f_{cd}' c_b b = 0.810(0.85)(23)(337)(400)$$

$$= 2{,}135{,}000\,\text{N}$$

$\varepsilon_s' = 0.00277 > 0.002$ 이므로,

압축철근 위치의 콘크리트 응력은 f_{cd}'

$$C_s = A_s'(f_{yd}' - k_1 f_{cd}') = 1{,}588.5[400 - 0.85(23)] = 594{,}900\,\text{N}$$

$$N_{ud}' = (C_c + C_s - T)/\gamma_b = 1{,}904{,}000\,\text{N} = 1{,}904\,\text{kN}$$

$$M_{ud} = \frac{C_c\left(\frac{h}{2} - \beta c_b\right) + C_s\left(\frac{h}{2} - d'\right) + T\left(\frac{d - d'}{2}\right)}{\gamma_b}$$

$$= \frac{2{,}135{,}000\left(\frac{600}{2} - 0.416(337)\right) + 594{,}900\left(\frac{600}{2} - 70\right) + 635{,}400\left(\frac{530 - 70}{2}\right)}{1.1}$$

$$= 567{,}000{,}000\,\text{N}\cdot\text{mm} = 567\,\text{kN}\cdot\text{m}$$

(3) 압축지배 영역 : 편심, $e = \dfrac{M_d}{N_d'} = 148\,\text{mm}$

$e < e_b$ 이므로, 인장철근은 항복하지 않음(압축철근 항복)

$$C_c = \alpha k_1 f_{cd}' xb = 6{,}334x$$

ε_s'은 균형변형률 상태의 $\varepsilon_s' = 0.00277$보다 크므로,

$\varepsilon_s' \geq 0.002$ → 압축철근 위치의 콘크리트 응력은 $k_1 f_{cd}'$

$$C_s = A_s'(f_{yd}' - k_1 f_{cd}') = 604{,}300\,\text{N}$$

$$T = A_s \varepsilon_s E_s = 1{,}112{,}000\frac{530 - x}{x}$$

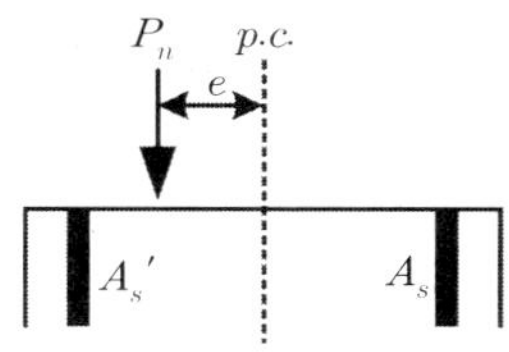

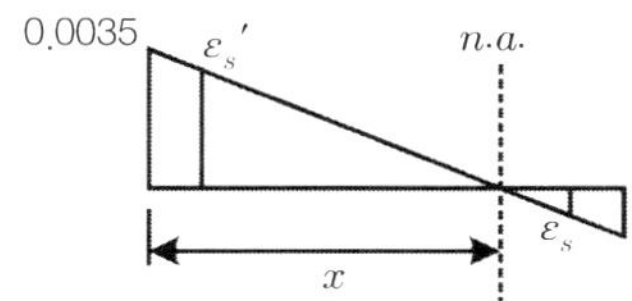

N_{ud}' 위치와 각 힘의 거리

$$arm_{C_s} = 152 - 70 = 82\,\text{mm}$$

$$arm_T = 530 - 152 = 378\,\text{mm}$$

$$arm_{C_c} = \beta x - 152 = 0.416x - 152$$

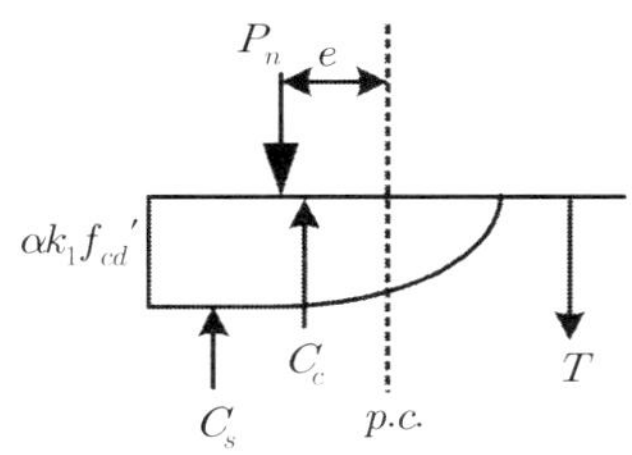

N_{ud}' 위치를 중심으로 모멘트를 취하여 0이 되는

중립축의 값

$$C_s\, arm_{C_s} - C_c\, arm_{C_c} + T\, arm_T = 0$$

$$604{,}300(82) - 6{,}334x(0.416x - 152) + 1{,}112{,}000\frac{530 - x}{x}(378) = 0$$

이 식의 해를 구하면, $x = 460\,\text{mm}$

축강도와 휨강도

$$C_c = 6{,}334x = 2{,}914{,}000\,\text{N}$$

$$C_s = 604{,}300\,\text{N}$$

$$T = 1{,}112{,}000\frac{530 - x}{x} = 169{,}200\,\text{N}$$

$$N_{ud}' = \frac{C_c + C_s - T}{\gamma_b} = 3{,}045{,}000\,\text{N} = 3{,}045\,\text{kN}$$

$$M_{ud} = N_{ud}' e = 3{,}045(0.148) = 451\,\text{kN}\cdot\text{m}$$

(4) 인장지배 영역 : 편심, $e = \dfrac{M_d}{N_d{}'} = 320\,\text{mm}$

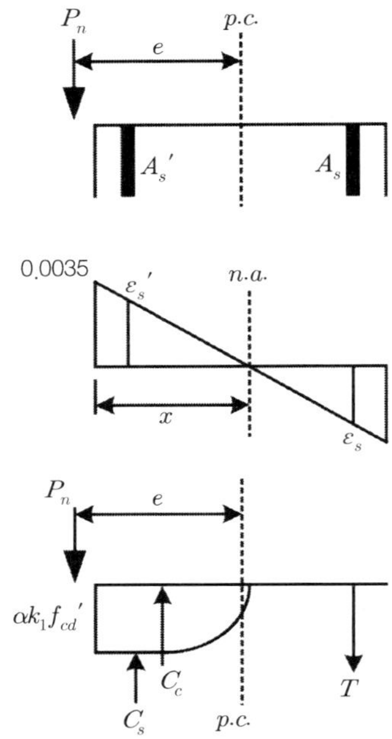

$e > e_b$이므로, 인장철근 항복

(압축철근은 항복하는 것으로 가정)

$C_c = \alpha k_1 f_{cd}{}' x b = 6{,}334x$

$\varepsilon_s{}' \geq 0.002$로 가정

→ 압축철근 위치의 콘크리트 응력은 $k_1 f_{cd}{}'$

$C_s = A_s{}'(f_{yd}{}' - k_1 f_{cd}{}') = 604{,}300\,\text{N}$

$T = A_s f_{yd} = 1{,}588.5(400) = 635{,}400\,\text{N}$

$N_{ud}{}'$ 위치와 각 힘의 거리

$arm_{C_s} = 320 - 300 + 70 = 90\,\text{mm}$

$arm_T = 320 + 300 - 70 = 550\,\text{mm}$

$arm_{C_c} = 320 - 300 + 0.416x = 20 + 0.416x$

$N_{ud}{}'$ 위치를 중심으로 모멘트를 취하여 0이 되는 중립축의 값

$C_s\, arm_{C_s} + C_c\, arm_{C_c} - T\, arm_T = 0$

$604{,}300(90) + 6{,}334x(20 + 0.416x) - 635{,}400(550) = 0$

이 식의 해를 구하면, $x = 311\,\text{mm}$

압축철근의 항복 여부에 대한 가정 검토

$\varepsilon_s{}' = \varepsilon_{cu}{}' \dfrac{x - d'}{x} = 0.0035 \dfrac{311 - 70}{311} = 0.00271$ → 가정과 같이 압축으로 항복

$\varepsilon_s{}' \geq 0.002$ 여부에 대한 가정 검토

가정과 같이 $\varepsilon_s{}' = 0.00271 \geq 0.002$

축강도와 휨강도

$C_c = 6{,}334x = 1{,}970{,}000\,\text{N}$

$C_s = 604{,}300\,\text{N}$

$T = 635{,}400\,\text{N}$

$$N_{ud}' = \frac{C_c + C_s - T}{\gamma_b} = 1{,}763{,}000\,\text{N} = 1{,}763\,\text{kN}$$

$M_{ud} = N_{ud}'e = 1{,}763(0.320) = 564\,\text{kN}\cdot\text{m}$

7.4.5 도로교설계기준 한계상태설계법(2012)

(1) 중심축 하중

$f_{cd} = \phi_c 0.85 f_{ck} = 0.65(0.85)(30) = 17\,\text{MPa}$

$f_{yd} = \phi_s f_y = 0.95(400) = 380\,\text{MPa}$

$\varepsilon_{yd} = f_{yd}/E_s = 380/200{,}000 = 0.0019$

$\varepsilon_{co} = 0.002$, $\varepsilon_{yd} = 0.0019$이므로, 콘크리트가 최대 응력에 도달할 때 철근은 항복

$A_g = 400 \times 600 = 240{,}000\,\text{mm}^2$

$$N_{od} = f_{cd}(A_g - A_{st}) + f_{yd}A_{st} = 17(240{,}000 - 3{,}177) + 380(3{,}177)$$
$$= 5{,}233{,}000\,\text{N} = 5{,}233\,\text{kN}$$

(2) 균형변형률 상태

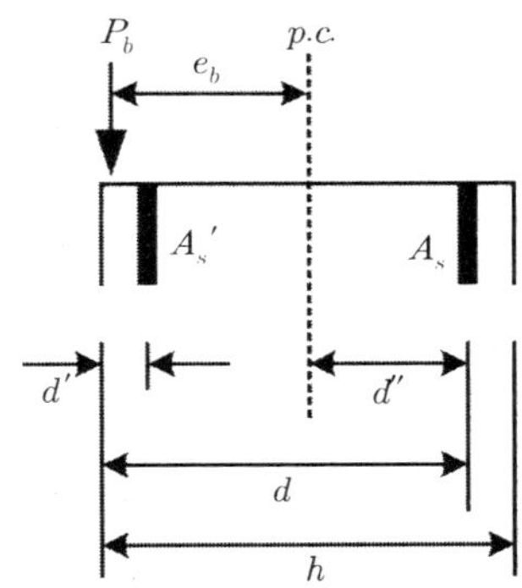

$\varepsilon_{cu} = 0.0033$

$$c_b = \frac{\varepsilon_{cu}}{\varepsilon_{yd} + \varepsilon_{cu}} d = \frac{0.0033}{0.0019 + 0.0033}(530) = 336\,\text{mm}$$

$$\varepsilon_s' = \varepsilon_{cu}\frac{c_b - d'}{c_b} = 0.0033\frac{336 - 70}{336} = 0.00261$$

$\varepsilon_s' > \varepsilon_{yd}$이므로, 압축철근 항복

축강도와 휨강도

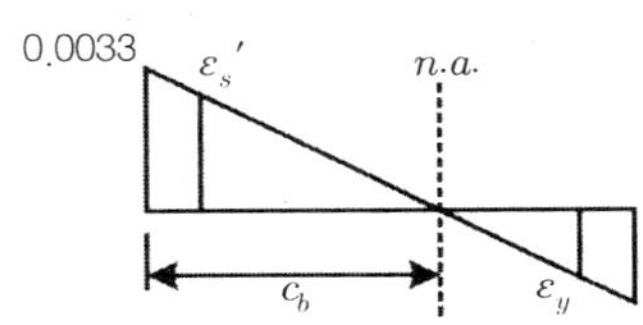

$\alpha = 0.80$, $\beta = 0.41$

$T = A_s f_{yd} = 1{,}588.5(380) = 603{,}600\,\text{N}$

$C_c = \alpha f_{cd} c_b b = 0.80(17)(336)(400)$

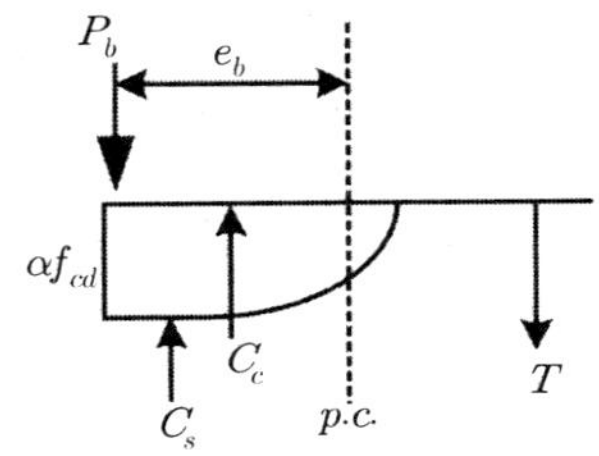

$= 1,828,000\,\text{N}$

$\varepsilon_s' = 0.00261 > \varepsilon_{co} = 0.002$ 이므로,

압축철근 위치의 콘크리트 응력은 f_{cd}

$C_s = A_s'(f_{yd} - f_{cd}) = 1,588.5(380 - 17) = 576,600\,\text{N}$

$N_d = (C_c + C_s - T) = 1,801,000\,N = 1,801\,\text{kN}$

$$M_d = C_c\left(\frac{h}{2} - \beta c_b\right) + C_s\left(\frac{h}{2} - d'\right) + T\left(\frac{d - d'}{2}\right)$$

$$= 1,828,000\left(\frac{600}{2} - 0.41(336)\right) + 576,600\left(\frac{600}{2} - 70\right) + 603,600\left(\frac{530 - 70}{2}\right)$$

$$= 568,000,000\,\text{N}\cdot\text{mm} = 568\,\text{kN}\cdot\text{m}$$

(3) 압축지배 영역 : 편심, $e = \dfrac{M_u}{N_u} = 148\,\text{mm}$

$e < e_b$ 이므로, 인장철근은 항복하지 않음(압축철근 항복)

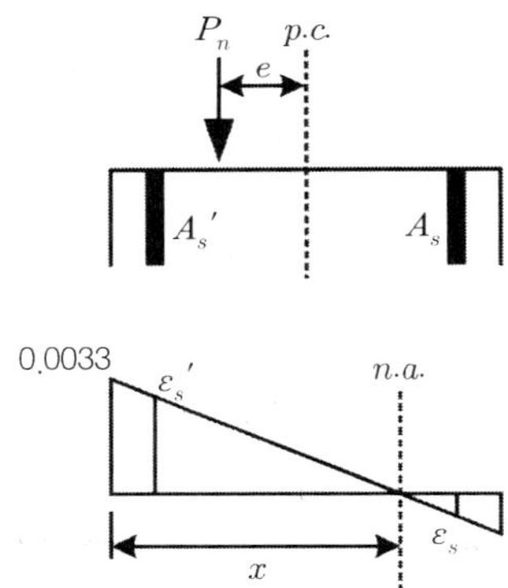

$C_c = \alpha f_{cd} x b = 5,440x$

ε_s' 은 균형변형률 상태의 $\varepsilon_s' = 0.00261$ 보다 크므로,

$\varepsilon_s' > \varepsilon_{co} = 0.002$

→ 압축철근 위치의 콘크리트 응력은 f_{cd}

$C_s = A_s'(f_{yd} - f_{cd}) = 576,600\,\text{N}$

$T = A_s \varepsilon_s E_s = 1,048,000 \dfrac{530 - x}{x}$

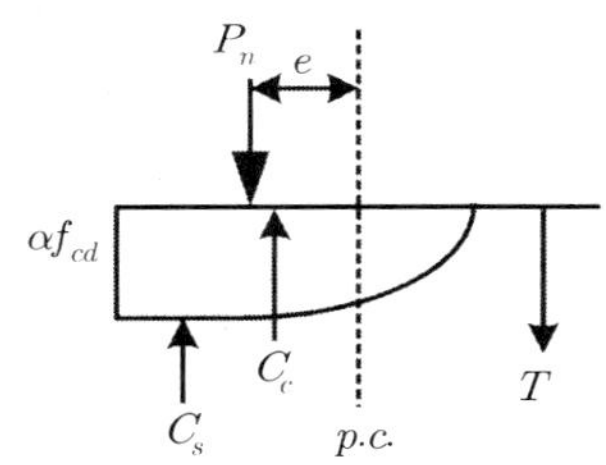

N_d 위치와 각 힘의 거리

$arm_{C_s} = 152 - 70 = 82\,\text{mm}$

$arm_T = 530 - 152 = 378\,\text{mm}$

$arm_{C_c} = \beta x - 152 = 0.41x - 152$

N_d 위치를 중심으로 모멘트를 취하여 0이 되는 중립축의 값

$C_s\, arm_{C_s} - C_c\, arm_{C_c} + T\, arm_T = 0$

$$576,600(82) - 5,440x(0.41x - 152) + 1,048,000\frac{530 - x}{x}(378) = 0$$

이 식의 해를 구하면, $x = 467\,\mathrm{mm}$

축강도와 휨강도

$$C_c = 5,440x = 2,540,000\,\mathrm{N}$$

$$C_s = 576,600\,\mathrm{N}$$

$$T = 1,048,000\frac{530 - x}{x} = 141,400\,\mathrm{N}$$

$$N_d = C_c + C_s - T = 2,975,000\,N = 2,975\,\mathrm{kN}$$

$$M_d = N_d e = 2,975(0.148) = 440\,\mathrm{kN \cdot m}$$

(4) 인장지배 영역 : 편심, $e = \dfrac{M_u}{N_u} = 320\,\mathrm{mm}$

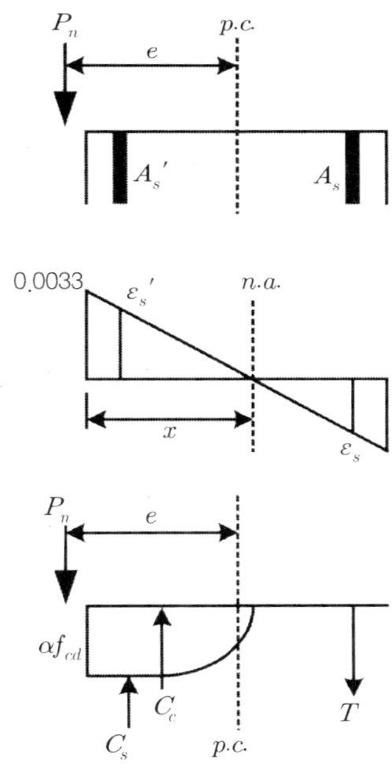

$e > e_b$이므로, 인장철근 항복

(압축철근은 항복하는 것으로 가정)

$$C_c = \alpha f_{cd} x b = 5,440x$$

$\varepsilon_s' \ge \varepsilon_{co} = 0.002$로 가정

→ 압축철근 위치의 콘크리트 응력은 f_{cd}

$$C_s = A_s'(f_{yd} - f_{cd}) = 576,600\,\mathrm{N}$$

$$T = A_s f_{yd} = 1,588.5(380) = 603,600\,\mathrm{N}$$

N_d 위치와 각 힘의 거리

$$arm_{C_s} = 320 - 300 + 70 = 90\,\mathrm{mm}$$

$$arm_T = 320 + 300 - 70 = 550\,\mathrm{mm}$$

$$arm_{C_c} = 320 - 300 + 0.41x = 20 + 0.41x$$

N_d 위치를 중심으로 모멘트를 취하여 0이 되는 중립축의 값

$$C_s\, arm_{C_s} + C_c\, arm_{C_c} - T\, arm_T = 0$$

$$576,600(90) + 5,440x(20 + 0.41x) - 603,600(550) = 0$$

이 식의 해를 구하면, $x = 331\,\mathrm{mm}$

압축철근의 항복 여부에 대한 가정 검토

$$\varepsilon_s' = \varepsilon_{cu}\frac{x-d'}{x} = 0.0033\frac{331-70}{331} = 0.00260 \rightarrow \text{가정과 같이 압축으로 항복}$$

$\varepsilon_s' \geq \varepsilon_{co} = 0.002$ 여부에 대한 가정 검토

가정과 같이 $\varepsilon_s' = 0.00260 \geq \varepsilon_{co} = 0.002$

축강도와 휨강도

$C_c = 5{,}440x = 1{,}801{,}000\,\text{N}$

$C_s = 576{,}600\,\text{N}$

$T = 603{,}600\,\text{N}$

$N_d = C_c + C_s - T = 1{,}774{,}000\,\text{N} = 1{,}774\,\text{kN}$

$M_d = N_d e = 1{,}774(0.320) = 568\,\text{kN}\cdot\text{m}$

7.4.6 P–M 상관도

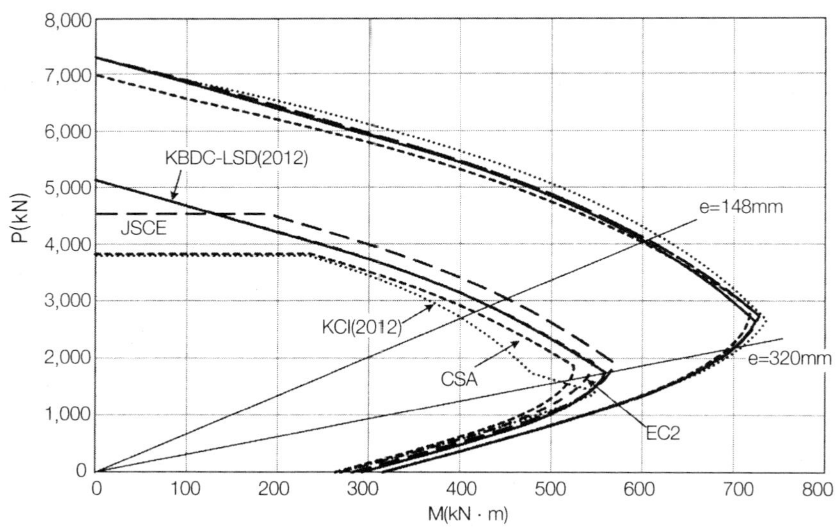

7.5 직사각형 기둥(고강도 콘크리트)

철근 : 4-D32, 띠철근 기둥

(A_{st} =3,177mm^2, $A_s = A_s{}'$ =1,588.5mm^2)

콘크리트 설계기준압축강도 : f_{ck} =60MPa

철근 설계기준항복강도 : f_y =400MPa

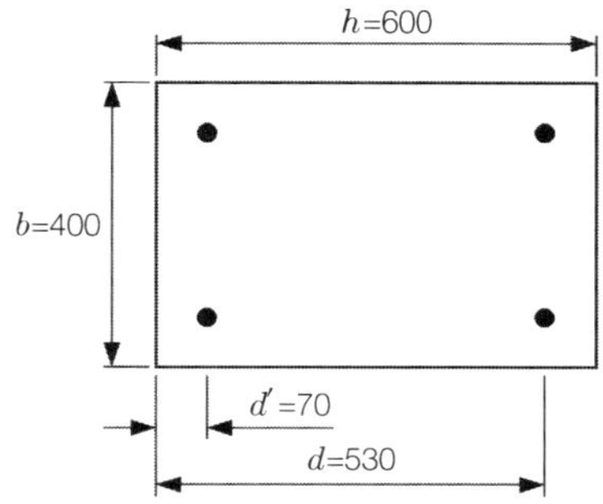

7.5.1 콘크리트구조기준(2012)과 ACI 318-11

(1) 중심축 하중

$A_g = 400 \times 600 = 240,000\,\text{mm}^2$

$P_o = 0.85 f_{ck}(A_g - A_{st}) + f_y A_{st}$

$= 0.85(60)(240,000 - 3,177) + 400(3,177) = 13,350,000\,\text{N} = 13,350\,\text{kN}$

$P_n = 0.80 P_o = 0.80(13,350) = 10,680\,\text{kN}$

$\phi P_n = 0.65(10,680) = 6,942\,\text{kN}$

(2) 균형변형률 상태

$\varepsilon_y = f_y / E_s = 400/200,000 = 0.002$

$c_b = \dfrac{0.003}{\varepsilon_y + 0.003} d = \dfrac{0.003}{0.002 + 0.003}(530) = 318\,\text{mm}$

$\beta_1 = 0.85 - 0.007(f_{ck} - 28) = 0.626$ 이므로, $\beta_1 = 0.65$

$a_b = \beta_1 c_b = 0.65(318) = 207\,\text{mm}$

$\varepsilon_s{}' = 0.003 \dfrac{c_b - d'}{c_b} = 0.003 \dfrac{318 - 70}{318} = 0.00234$

$\varepsilon_s{}' > \varepsilon_y$ 이므로, 압축철근 항복

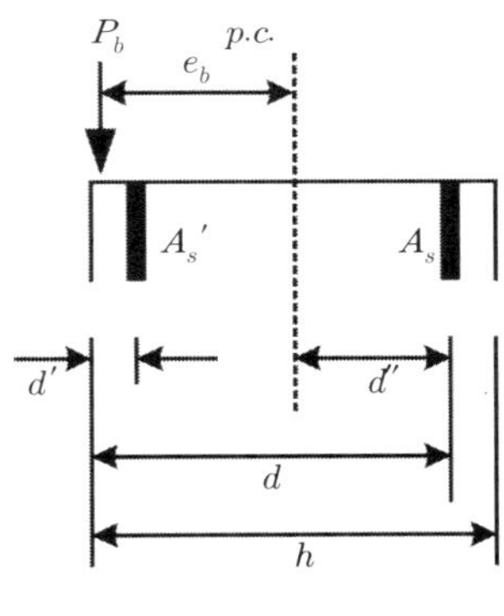

축강도와 휨강도

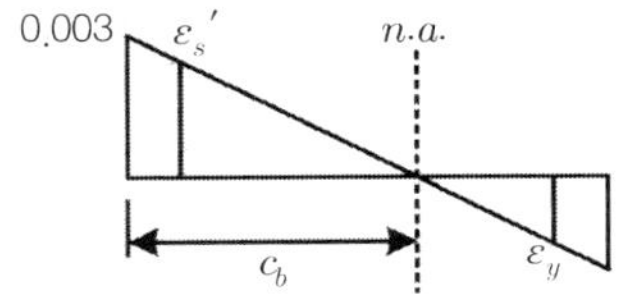

$T = A_s f_y = 1{,}588.5(400) = 635{,}400\,\text{N}$

$C_c = 0.85 f_{ck} a_b b = 0.85(60)(207)(400) = 4{,}223{,}000\,\text{N}$

$C_s = A_s'(f_y - 0.85 f_{ck})$

$\quad = 1{,}588.5[400 - 0.85(60)] = 554{,}400\,\text{N}$

$P_n = C_c + C_s - T = 4{,}142{,}000\,\text{N} = 4{,}142\,\text{kN}$

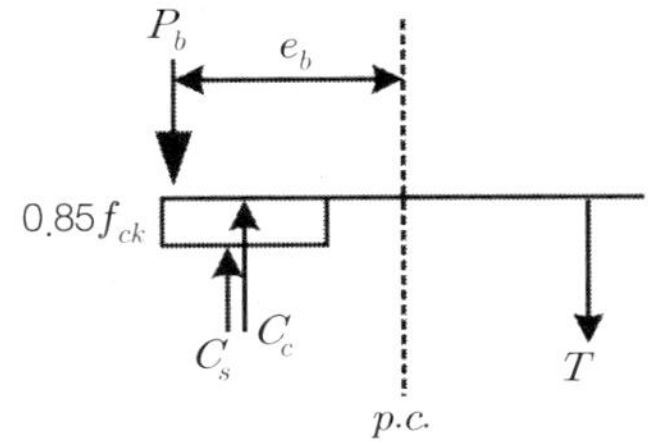

$$M_n = C_c\left(\frac{h}{2} - \frac{a}{2}\right) + C_s\left(\frac{h}{2} - d'\right) + T\left(\frac{d-d'}{2}\right)$$

$$= [4{,}223{,}000\left(\frac{600}{2} - \frac{207}{2}\right) + 554{,}400\left(\frac{600}{2} - 70\right) + 635{,}400\left(\frac{530-70}{2}\right)] \times 10^{-6}$$

$$= 1{,}103\,\text{kN}\cdot\text{m}$$

$\phi P_n = 0.65(4{,}142) = 2{,}692\,\text{kN}$

$\phi M_n = 0.65(1{,}103) = 717\,\text{kN}\cdot\text{m}$

(3) 압축지배 영역 : 편심, $e = \dfrac{M_u}{P_u} = 175\,\text{mm}$

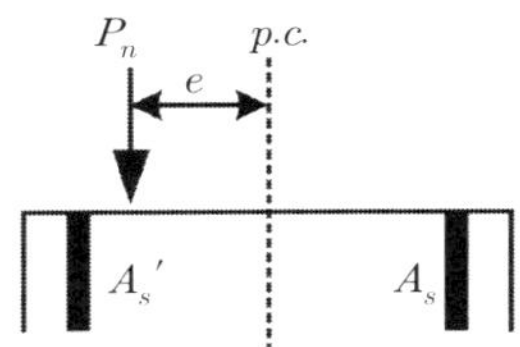

$e < e_b$이므로, 인장철근은 항복하지 않음(압축철근 항복)

$C_c = 0.85 f_{ck} \beta_1 x b = 13{,}260x$

$C_s = A_s'(f_y - 0.85 f_{ck}) = 554{,}400\,\text{N}$

$T = A_s \varepsilon_s E_s = A_s E_s (0.003)\dfrac{d-x}{x} = 953{,}100\dfrac{530-x}{x}$

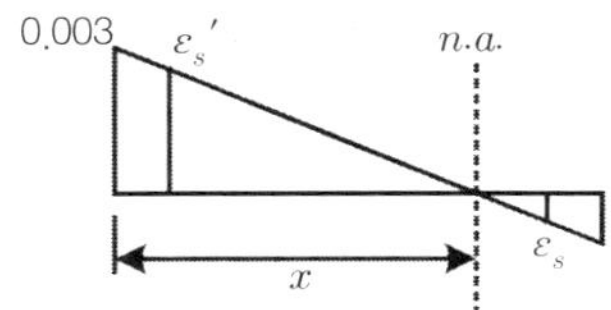

P_n의 위치와 각 힘과의 거리

$arm_{C_s} = 125 - 70 = 55\,\text{mm}$

$arm_T = 530 - 125 = 405\,\text{mm}$

$arm_{C_c} = \dfrac{a}{2} - 125$

$\quad = \dfrac{0.65x}{2} - 125 = 0.325x - 125$

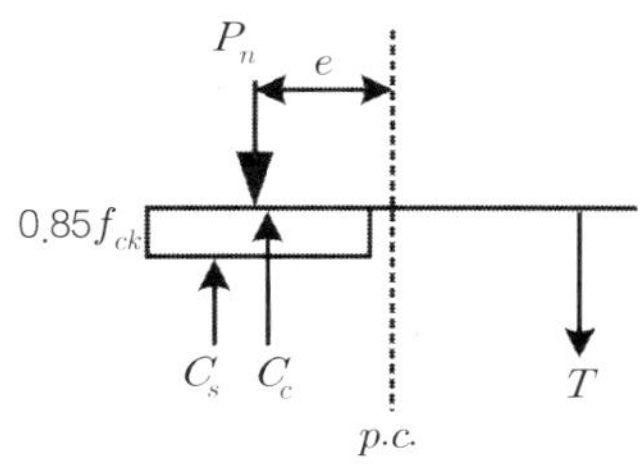

P_n의 위치를 중심으로 모멘트를 취하여 0이 되는 중립축의 값

$$C_s\, arm_{C_s} - C_c\, arm_{C_c} + T\, arm_T = 0$$

$$554,400(55) - 13,260x(0.325x - 125) + 953,100\frac{530 - x}{x}(405) = 0$$

이 식의 해를 구하면, $x = 441\text{mm}$

공칭축강도와 공칭휨강도

$$C_c = 13,260x = 5,848,000\,\text{N}$$

$$C_s = 554,400\,\text{N}$$

$$T = 953,100\frac{530 - x}{x} = 192,300\,\text{N}$$

$$P_n = C_c + C_s - T = 6,210,000\,\text{N} = 6,210\,\text{kN}$$

$$M_n = P_n e = 6,210(0.175) = 1,087\,\text{kN}\cdot\text{m}$$

$$\phi P_n = 0.65(6,210) = 4,037\,\text{kN}$$

$$\phi M_n = 0.65(1,087) = 707\,\text{kN}\cdot\text{m}$$

(4) **인장지배 영역 : 편심,** $e = \dfrac{M_u}{P_u} = 300\,\text{mm}$

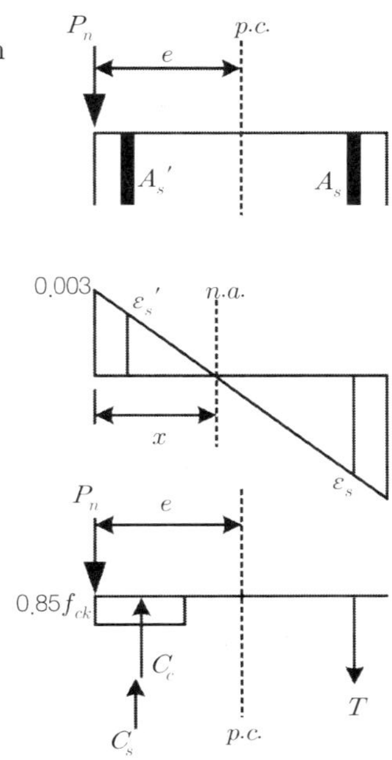

$e > e_b$이므로, 인장철근 항복

(압축철근은 항복하는 것으로 가정)

$$C_c = 0.85 f_{ck}\beta_1 x b = 13,260x$$

$$C_s = A_s'(f_y - 0.85 f_{ck}) = 554,400\,\text{N}$$

$$T = A_s f_y = 1,588.5(400) = 635,400\,\text{N}$$

P_n의 위치와 각 힘의 거리

$$arm_{C_s} = 300 - 300 + 70 = 70\,\text{mm}$$

$$arm_T = 300 + 300 - 70 = 530\,\text{mm}$$

$$arm_{C_c} = 300 - 300 + \frac{0.65x}{2} = 0.325x$$

P_n의 위치를 중심으로 모멘트를 취하여 0이 되는 중립축의 값

$$C_s\, arm_{C_s} + C_c\, arm_{C_c} - T\, arm_T = 0$$

$$554{,}400(70) + 13{,}260x(0.325x) - 635{,}400(530) = 0$$

이 식의 해를 구하면, $x = 263\,\text{mm}$

압축철근의 항복 여부에 대한 가정 검토

$$\varepsilon_s = 0.003\frac{x-d'}{x} = 0.003\frac{263-70}{263} = 0.00220 \rightarrow \text{가정과 같이 압축으로 항복}$$

축강도와 휨강도

$$C_c = 13{,}260x = 3{,}487{,}000\,\text{N}$$

$$C_s = 554{,}400\,\text{N}$$

$$T = 635{,}400\,\text{N}$$

$$P_n = C_c + C_s - T = 3{,}406{,}000\,\text{N} = 3{,}406\,\text{kN}$$

$$M_n = P_n e = 3{,}406(0.300) = 1{,}022\,\text{kN}\cdot\text{m}$$

$$\varepsilon_s' = 0.003\frac{d-x}{x} = 0.003\frac{530-263}{263} = 0.003 < 0.005\ , \text{ 따라서 변화구간 단면}$$

변화구간 단면의 강도감소계수

(a) 콘크리트구조기준(2012)

$$\phi = \phi_c + \frac{\phi_f - \phi_c}{0.005 - \varepsilon_y}(\varepsilon_t - \varepsilon_y) = 0.65 + \frac{0.85-0.65}{0.005-0.002}(0.003-0.002) = 0.717$$

$$\phi P_n = 0.717(3{,}406) = 2{,}442\,\text{kN}$$

$$\phi M_n = 0.717(1{,}022) = 733\,\text{kN}\cdot\text{m}$$

(b) ACI 318-11

$$\phi = \phi_c + \frac{\phi_f - \phi_c}{0.005 - \varepsilon_y}(\varepsilon_t - \varepsilon_y) = 0.65 + \frac{0.90-0.65}{0.005-0.002}(0.003-0.002) = 0.733$$

$$\phi P_n = 0.733(3{,}406) = 2{,}497\,\text{kN}$$

$$\phi M_n = 0.733(1{,}022) = 749\,\text{kN}\cdot\text{m}$$

7.5.2 CSA-A23.3-04

(1) 중심축 하중

$\alpha_1 = 0.85 - 0.0015 f_c' = 0.76$

$A_g = 400 \times 600 = 240{,}000\,\text{mm}^2$

$$P_{r,\max} = 0.80 P_{ro} = 0.80[\alpha_1 \phi_c f_c'(A_g - A_{st}) + \phi_s f_y A_{st}]$$

$$= 0.80[0.76(0.65)(60)(240{,}000 - 3{,}177) + 0.85(400)(3{,}177)]$$

$$= 6{,}480{,}000\,\text{N} = 6{,}480\,\text{kN}$$

(2) 균형변형률 상태

$\varepsilon_y = f_y / E_s = 400/200{,}000 = 0.002$

$$c_b = \frac{0.0035}{\varepsilon_y + 0.0035} d = \frac{0.0035}{0.002 + 0.0035}(530) = 337\,\text{mm}$$

$\beta_1 = 0.97 - 0.0025 f_c' = 0.82$

$a_b = \beta_1 c_b = 0.82(337) = 276\,\text{mm}$

$$\varepsilon_s' = 0.0035 \frac{c_b - d'}{c_b} = 0.0035 \frac{337 - 70}{337} = 0.00277$$

$\varepsilon_s' > \varepsilon_y$이므로, 압축철근 항복

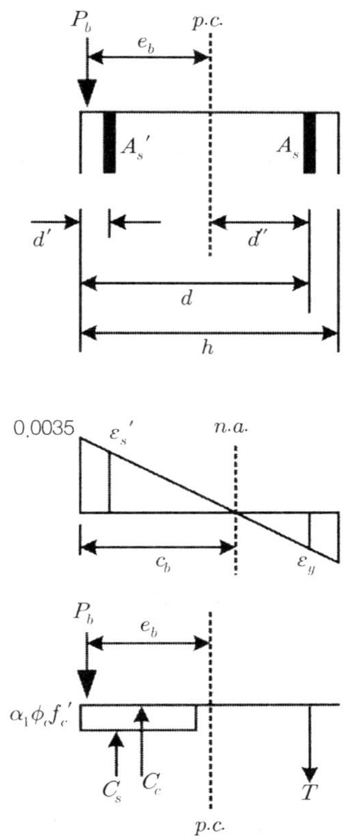

축강도와 휨강도

$T = A_s \phi_s f_y = 1{,}588.5(0.85)(400) = 540{,}100\,N$

$C_c = \alpha_1 \phi_c f_c' a_b b = 0.76(0.65)(60)(276)(400)$

$= 3{,}272{,}000\,\text{N}$

$C_s = A_s'(\phi_s f_y - \alpha_1 \phi_c f_c')$

$= 1{,}588.5[0.85(400) - 0.76(0.65)(60)]$

$= 493{,}000\,\text{N}$

$P_r = C_c + C_s - T = 3{,}225{,}000\,\text{N} = 3{,}225\,\text{kN}$

$$M_r = C_c\left(\frac{h}{2} - \frac{a}{2}\right) + C_s\left(\frac{h}{2} - d'\right) + T\left(\frac{d - d'}{2}\right)$$

$$= [3,272,000(\frac{600}{2} - \frac{276}{2}) + 493,000(\frac{600}{2} - 70) + 540,100(\frac{530-70}{2})]/10^6$$

$$= 768\,\mathrm{kN \cdot m}$$

(3) 압축지배 영역 : 편심, $e = \dfrac{M_u}{P_u} = 175\,\mathrm{mm}$

$e < e_b$이므로, 인장철근은 항복하지 않음(압축철근 항복)

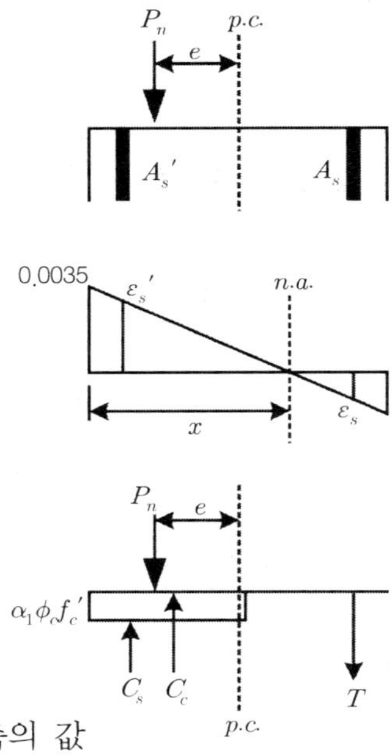

$C_c = \alpha_1 \phi_c f_c' \beta_1 x b = 9,722x$

$C_s = A_s'(\phi_s f_y - \alpha_1 \phi_c f_c') = 493,000\,\mathrm{N}$

$T = A_s \phi_s \varepsilon_s E_s = 945,200\dfrac{530 - x}{x}$

P_r의 위치와 각 힘의 거리

$arm_{C_s} = 125 - 70 = 55\,\mathrm{mm}$

$arm_T = 530 - 125 = 405\,\mathrm{mm}$

$arm_{C_c} = \dfrac{a}{2} - 152 = \dfrac{0.82x}{2} - 125 = 0.41x - 125$

P_r의 위치를 중심으로 모멘트를 취하여 0이 되는 중립축의 값

$C_s\, arm_{C_s} - C_c\, arm_{C_c} + T\, arm_T = 0$

$493,000(55) - 9,722x(0.41x - 125) + 945,200\dfrac{530 - x}{x}(405) = 0$

이 식의 해를 구하면, $x = 400\,\mathrm{mm}$

축강도와 휨강도

$C_c = 9,722x = 3,889,000\,\mathrm{N}$

$C_s = 493,000\,\mathrm{N}$

$T = 945,200\dfrac{530 - x}{x} = 307,200\,\mathrm{N}$

$$P_r = C_c + C_s - T = 4{,}075{,}000\,\text{N} = 4{,}075\,\text{kN}$$

$$M_r = P_r e = 4{,}075(0.175) = 713\,\text{kN}\cdot\text{m}$$

(4) **인장지배 영역 : 편심,** $e = \dfrac{M_u}{P_u} = 300\,\text{mm}$

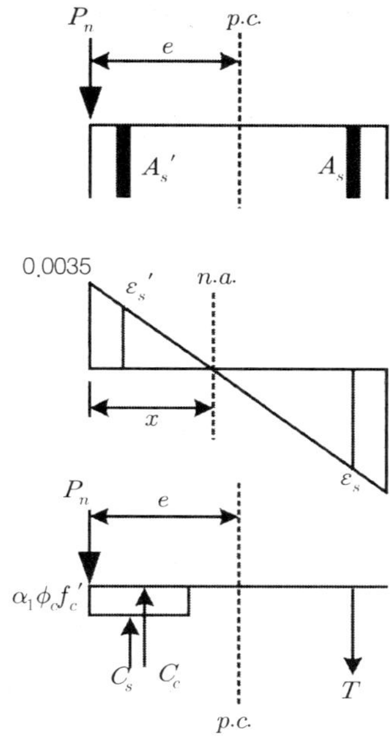

$e > e_b$이므로, 인장철근 항복

(압축철근은 항복하는 것으로 가정)

$$C_c = \alpha_1 \phi_c f_c' \beta_1 x b = 9{,}722x$$

$$C_s = A_s'(\phi_s f_y - \alpha_1 \phi_c f_c') = 493{,}000\,\text{N}$$

$$T = A_s \phi_s f_y = 1{,}588.5(0.85)(400) = 540{,}100\,\text{N}$$

P_r의 위치와 각 힘의 거리

$$arm_{C_s} = 300 - 300 + 70 = 70\,\text{mm}$$

$$arm_T = 330 + 300 - 70 = 530\,\text{mm}$$

$$arm_{C_c} = 300 - 300 + \frac{0.82x}{2} = 0.41x$$

P_r의 위치를 중심으로 모멘트를 취하여 0이 되는 중립축의 값

$$C_s\, arm_{C_s} + C_c\, arm_{C_c} - T\, arm_T = 0$$

$$493{,}000(70) + 9{,}722x(0.41x) - 540{,}100(530) = 0$$

이 식의 해를 구하면, $x = 251\,\text{mm}$

압축철근의 항복 여부에 대한 가정 검토

$$\varepsilon_s' = 0.0035\frac{x - d'}{x} = 0.0035\frac{251 - 70}{251} = 0.00252$$ → 가정과 같이 압축으로 항복

축강도와 휨강도

$$C_c = 9{,}722x = 2{,}440{,}000\,\text{N}$$

$$C_s = 493{,}000\,\text{N}$$

$$T = 540{,}100\,\text{N}$$

$$P_r = C_c + C_s - T = 2{,}393{,}000\,\text{N} = 2{,}393\,\text{kN}$$

$$M_r = P_r e = 2{,}393(0.300) = 718\,\text{kN·m}$$

7.5.3 Eurocode 2

(1) 중심축 하중

$$f_{cd} = \frac{\alpha_{cc} f_{ck}}{\gamma_c} = \frac{0.85(60)}{1.5} = 34\,\text{MPa}$$

$$f_{yd} = f_{yk}/\gamma_s = 400/1.15 = 348\,\text{MPa}$$

$$\varepsilon_{yd} = f_{yd}/E_s = 348/200{,}000 = 0.00174$$

$$\varepsilon_{c2} = [2.0 + 0.085(f_{ck} - 50)^{0.53}] \times 10^{-3}$$

$$= [2.0 + 0.085(60 - 50)^{0.53}] \times 10^{-3} = 0.00229$$

$= 0.00229$이므로, 콘크리트가 최대 응력에 도달할 때의 철근은 항복

$$A_g = 400 \times 600 = 240{,}000\,\text{mm}^2$$

$$N = f_{cd}(A_g - A_{st}) + f_{yd} A_{st} = 34(240{,}000 - 3177) + 348(3177)$$

$$= 9{,}158{,}000\,\text{N} = 9{,}158\,\text{kN}$$

(2) 균형변형률 상태

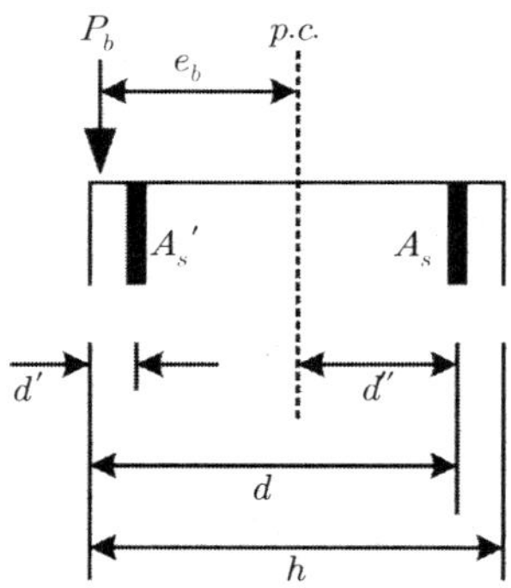

$$\varepsilon_{cu2} = \left[2.6 + 35\left(\frac{90 - f_{ck}}{100}\right)^4\right] \times 10^{-3}$$

$$= \left[2.6 + 35\left(\frac{90 - 60}{100}\right)^4\right] \times 10^{-3} = 0.00288$$

$$c_b = \frac{\varepsilon_{cu2}}{\varepsilon_{yd} + \varepsilon_{cu2}} d = \frac{0.00288}{0.00174 + 0.00288}(530) = 330\,\text{mm}$$

$$\varepsilon_s' = \varepsilon_{cu2} \frac{c_b - d'}{c_b} = 0.00288 \frac{330 - 70}{330} = 0.00227$$

$\varepsilon_s' > \varepsilon_{yd}$이므로, 압축철근 항복

축강도와 휨강도

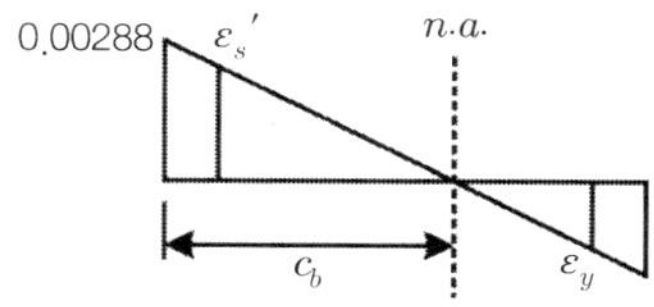

$\alpha = 0.694,\ \beta = 0.377$

$T = A_s f_{yd} = 1{,}588.5(348) = 552{,}800\,\text{N}$

$C_c = \alpha f_{cd} c_b b = 0.694(34)(330)(400) = 3{,}115{,}000\,\text{N}$

$\varepsilon_s' = 0.00227 < \varepsilon_{c2} = 0.00229$ 이므로,

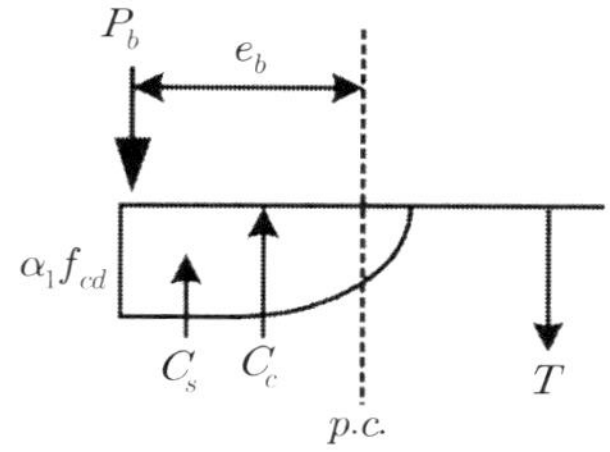

압축철근 위치의 콘크리트 응력은

$$f_c = f_{cd}\left[1-\left(1-\frac{\varepsilon_s'}{\varepsilon_{c2}}\right)^n\right] = 34\left[1-\left(1-\frac{0.00227}{0.00229}\right)^{1.590}\right]$$

$= 33.98\,\text{MPa}$

여기서, $n = 1.4 + 23.4\left(\frac{90-f_{ck}}{100}\right)^4 = 1.590$

$C_s = A_s'(f_{yd} - f_{cd}) = 1{,}588.5(348-34) = 498{,}800\,\text{N}$

$N = C_c + C_s - T = 3{,}061{,}000\,\text{N} = 3{,}061\,\text{kN}$

$$M = C_c\left(\frac{h}{2} - \beta c_b\right) + C_s\left(\frac{h}{2} - d'\right) + T\left(\frac{d-d'}{2}\right)$$

$$= 3{,}115{,}000\left(\frac{600}{2} - 0.377(330)\right) + 498{,}800\left(\frac{600}{2} - 70\right) + 552{,}800\left(\frac{530-70}{2}\right)$$

$= 546{,}000{,}000\,\text{N}\cdot\text{mm} = 789\,\text{kN}\cdot\text{m}$

(3) 압축지배 영역 : 편심, $e = \dfrac{M_d}{N_d} = 175\,\text{mm}$

$e < e_b$ 이므로, 인장철근은 항복하지 않음(압축철근 항복)

$C_c = \alpha f_{cd} x b = 9{,}438x$

$\varepsilon_s' \geq \varepsilon_{c2} = 0.00229$ 로 가정

→ 압축철근 위치의 콘크리트 응력은 f_{cd}

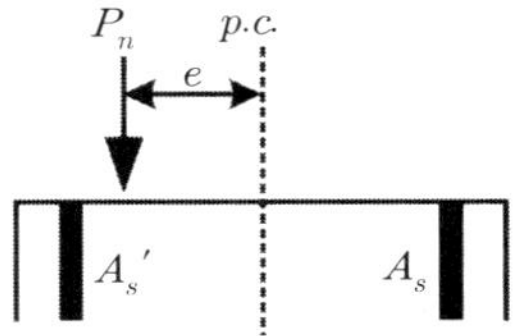

$C_s = A_s'(f_{yd} - f_{cd}) = 498{,}800\,\text{N}$

$T = A_s \varepsilon_s E_s = 915{,}000\dfrac{530-x}{x}$

N 위치와 각 힘의 거리

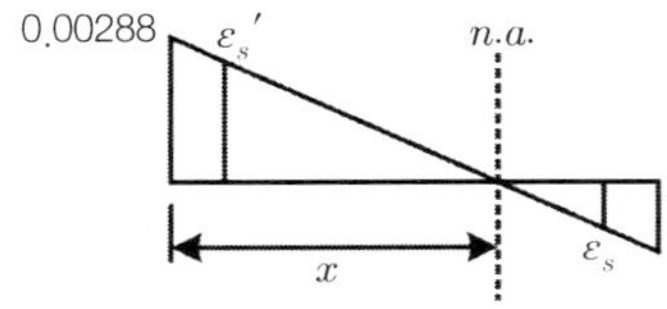

$arm_{C_s} = 125 - 70 = 55\,\text{mm}$

$arm_T = 530 - 125 = 405\,\text{mm}$

$arm_{C_c} = \beta x - 125 = 0.377x - 125$

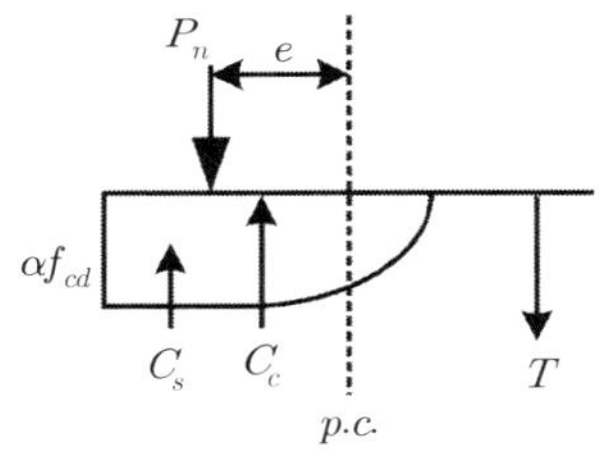

N 위치를 중심으로 모멘트를 취하여

0이 되는 중립축의 값

$C_s\, arm_{C_s} - C_c\, arm_{C_c} + T\, arm_T = 0$

$$498{,}800(55) - 9{,}438x(0.377x - 125) + 915{,}000\frac{530 - x}{x}(405) = 0$$

이 식의 해를 구하면, $x = 417\,\text{mm}$

$\varepsilon_s' \geq \varepsilon_{c2} = 0.002$ 여부에 대한 가정 검토

$$\varepsilon_s' = \varepsilon_{cu2}\frac{x - d'}{x} = 0.00288\frac{417 - 70}{417} = 0.00240$$

→ 가정과 같이 $\varepsilon_s' \geq \varepsilon_{c2} = 0.00229$

축강도와 휨강도

$C_c = 9{,}438x = 3{,}936{,}000\,\text{N}$

$C_s = 498{,}800\,\text{N}$

$$T = 915{,}000\frac{530 - x}{x} = 248{,}000\,\text{N}$$

$N = C_c + C_s - T = 4{,}189{,}000\,\text{N} = 4{,}189\,\text{kN}$

$M = P_n e = 4{,}189(0.175) = 733\,\text{kN}\cdot\text{m}$

(4) 인장지배 영역 : 편심, $e = \dfrac{M_d}{N_d} = 300\,\text{mm}$

$e > e_b$이므로, 인장철근 항복

(압축철근은 항복하는 것으로 가정)

$$C_c = \alpha f_{cd} x b = 9{,}438x$$

$\varepsilon_s{}' < \varepsilon_{c2} = 0.00229$ 로 가정

→ 압축철근 위치의 콘크리트 응력은

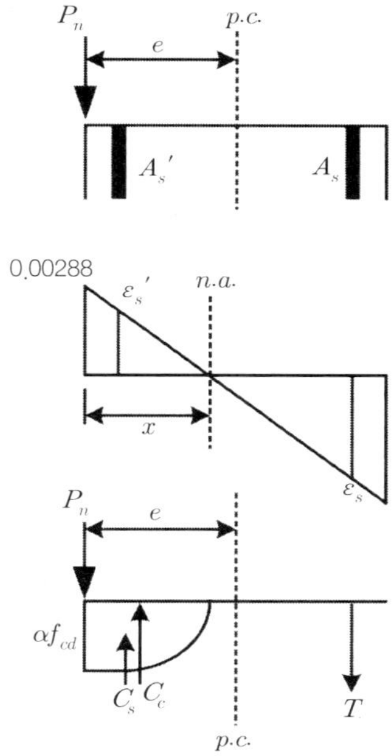

$$f_c = f_{cd}\left[1-\left(1-\frac{\varepsilon_s{}'}{\varepsilon_{c2}}\right)^n\right]$$

$$= 34\left[1-\left(1-\frac{0.00288\dfrac{x-70}{x}}{0.00229}\right)^{1.590}\right]$$

$$C_s = A_s{}'\left(f_{yd} - 34\left[1-\left(1-\frac{0.00288\dfrac{x-70}{x}}{0.00229}\right)^{1.590}\right]\right)$$

$$= 1588.5\left(348 - 34\left[1-\left(1-\frac{0.00288\dfrac{x-70}{x}}{0.00229}\right)^{1.590}\right]\right)$$

$$= 498{,}800 + 54{,}000\left(1-\frac{0.00288\dfrac{x-70}{x}}{0.00229}\right)^{1.590}$$

$$T = A_s f_{yd} = 1{,}588.5(348) = 552{,}800\,\mathrm{N}$$

N 위치와 각 힘의 거리

$$arm_{C_s} = 300 - 300 + 70 = 70\,\mathrm{mm}$$

$$arm_T = 300 + 300 - 70 = 530\,\mathrm{mm}$$

$$arm_{C_c} = 300 - 300 + 0.377x = 0.377x$$

N 위치를 중심으로 모멘트를 취하여 0이 되는 중립축의 값

$$C_s\, arm_{C_s} + C_c\, arm_{C_c} - T\, arm_T = 0$$

$$\left[498{,}800 + 54{,}000\left(1-\frac{0.00288\dfrac{x-70}{x}}{0.00229}\right)^{1.590}\right]70 + 9{,}438x(0.377x) - 552{,}800(530) = 0$$

이 식의 해를 구하면, $x = 269\,\mathrm{mm}$

압축철근의 항복 여부에 대한 가정 검토

$$\varepsilon_s{}' = \varepsilon_{cu2}\frac{x-d'}{x} = 0.00288\frac{269-70}{269} = 0.00213$$ → 가정과 같이 압축으로 항복

$\varepsilon_s{}' < \varepsilon_{c2} = 0.00229$ 여부에 대한 가정 검토

가정과 같이 $\varepsilon_s{}' = 0.00213 < \varepsilon_{c2} = 0.00229$

축강도와 휨강도

$C_c = 9,438x = 2,539,000\,\text{N}$

$$C_s = 498,800 + 54,000\left(1 - \frac{0.00288\dfrac{x-70}{x}}{0.00229}\right)^{1.590} = 499,600\,\text{N}$$

$T = 552,800\,\text{N}$

$N = C_c + C_s - T = 2,486,000\,\text{N} = 2,486\,\text{kN}$

$M = P_n e = 2,486(0.300) = 746\,\text{kN}\cdot\text{m}$

7.5.4 JSCE(2007)

(1) 중심축 하중

$k_1 = 1 - 0.003f_{ck}{}' = 1 - 0.003(60) = 0.82$

$f_{cd}{}' = f_{ck}{}'/\gamma_m = 60/1.3 = 46\,\text{MPa}$

$f_{yd}{}' = f_{yk}/\gamma_m = 400/1.0 = 400\,\text{MPa}$

$A_g = 400 \times 600 = 240,000\,\text{mm}^2$

$$N_{oud}{}' = (k_1 f_{cd}{}' A_c + f_{yd}{}' A_{st})/\gamma_b = [0.82(46)(240,000-3177) + 400(3177)]/1.3$$

$$= 7,849,000\,\text{N} = 7,849\,\text{kN}$$

(2) 균형변형률 상태

$$\varepsilon_{cu}{}' = \frac{155 - f_{ck}{}'}{30000} = 0.00317$$

$$\varepsilon_{yd}' = f_{yd}'/E_s = 400/200,000 = 0.002$$

$$c_b = \frac{\varepsilon_{cu}'}{\varepsilon_{yd}' + \varepsilon_{cu}'} d = \frac{0.00317}{0.002 + 0.00317}(530) = 325\,\mathrm{mm}$$

$$\varepsilon_s' = \varepsilon_{cu}' \frac{c_b - d'}{c_b} = 0.00317 \frac{325 - 70}{325} = 0.00249$$

$\varepsilon_s' > \varepsilon_{yd}'$이므로, 압축철근 항복

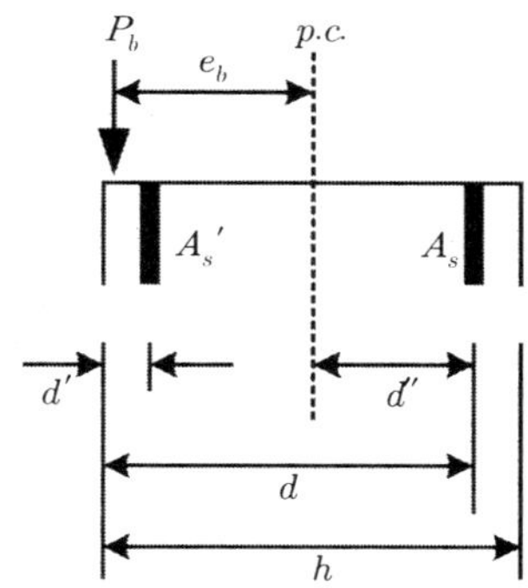

축강도와 휨강도

$\alpha = 0.790$, $\beta = 0.409$

$$T = A_s f_{yd}' = 1,588.5(400) = 635,400\,\mathrm{N}$$

$$C_c = \alpha k_1 f_{cd}' c_b b = 0.790(0.82)(46)(325)(400)$$

$$= 3,874,000\,\mathrm{N}$$

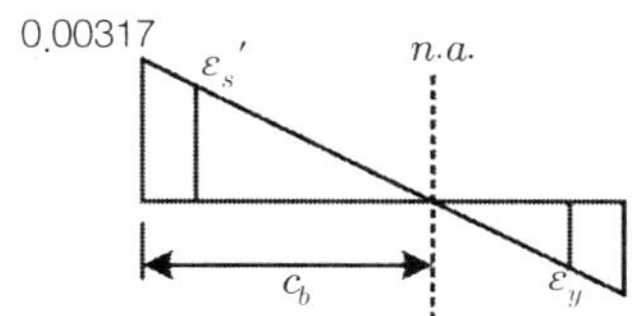

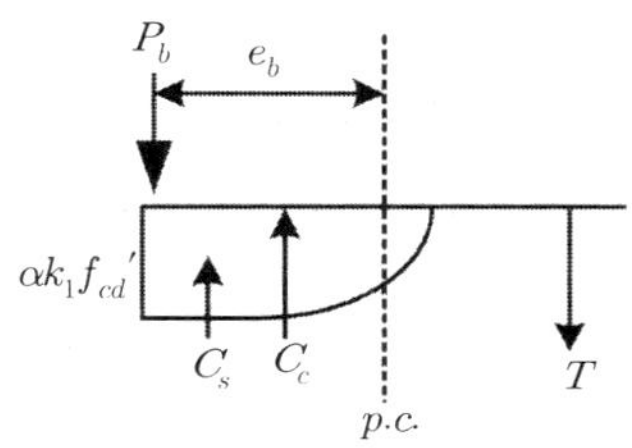

$\varepsilon_s' = 0.00249 > 0.002$이므로,

압축철근 위치의 콘크리트 응력은 f_{cd}'

$$C_s = A_s'(f_{yd}' - k_1 f_{cd}') = 1,588.5[400 - 0.82(46)]$$

$$= 575,500\,\mathrm{N}$$

$$N_{ud}' = (C_c + C_s - T)/\gamma_b = 3,467,000\,\mathrm{N} = 3,467\,\mathrm{kN}$$

$$M_{ud} = \frac{C_c\left(\frac{h}{2} - \beta c_b\right) + C_s\left(\frac{h}{2} - d'\right) + T\left(\frac{d-d'}{2}\right)}{\gamma_b}$$

$$= \frac{3,874,000\left(\frac{600}{2} - 0.409(325)\right) + 575,500\left(\frac{600}{2} - 70\right) + 635,400\left(\frac{530-70}{2}\right)}{1.1}$$

$$= 842,000,000\,\mathrm{N\cdot mm} = 842\,\mathrm{kN\cdot m}$$

(3) **압축지배 영역 : 편심,** $e = \dfrac{M_d}{N_d'} = 175\,\mathrm{mm}$

$e < e_b$이므로, 인장철근은 항복하지 않음(압축철근 항복)

$$C_c = \alpha k_1 f_{cd}' x b = 11,920x$$

$\varepsilon_s{}'$은 균형변형률 상태의 $\varepsilon_s{}' = 0.00249$보다 크므로,

$\varepsilon_s{}' \geq 0.002$ → 압축철근 위치의 콘크리트 응력은 $k_1 f_{cd}{}'$

$$C_s = A_s{}'(f_{yd}{}' - k_1 f_{cd}{}') = 575,500\,\text{N}$$

$$T = A_s \varepsilon_s E_s = 1,007,000 \frac{530 - x}{x}$$

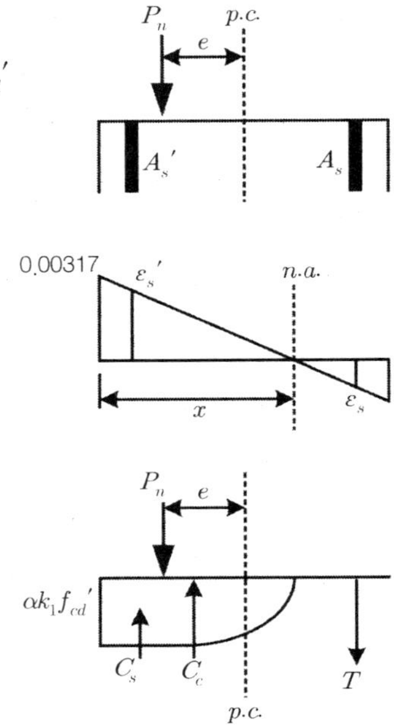

$N_{ud}{}'$ 위치와 각 힘의 거리

$$arm_{C_s} = 125 - 70 = 55\,\text{mm}$$

$$arm_T = 530 - 125 = 405\,\text{mm}$$

$$arm_{C_c} = \beta x - 125 = 0.409x - 125$$

$N_{ud}{}'$ 위치를 중심으로 모멘트를 취하여

0이 되는 중립축의 값

$$C_s\, arm_{C_s} - C_c\, arm_{C_c} + T\, arm_T = 0$$

$$575,500(55) - 11,920x(0.409x - 125) + 1,007,000\frac{530 - x}{x}(405) = 0$$

이 식의 해를 구하면, $x = 395\,\text{mm}$

축강도와 휨강도

$$C_c = 11,930x = 4,708,000\,\text{N}$$

$$C_s = 575,500\,\text{N}$$

$$T = 1,007,000\frac{530 - x}{x} = 344,200\,\text{N}$$

$$N_{ud}{}' = \frac{C_c + C_s - T}{\gamma_b} = 4,490,000\,\text{N} = 4,490\,\text{kN}$$

$$M_{ud} = N_{ud}{}' e = 4,490(0.175) = 786\,\text{kN}\cdot\text{m}$$

(4) 인장지배 영역 : 편심, $e = \dfrac{M_d}{N_d{}'} = 300\,\text{mm}$

$e > e_b$이므로, 인장철근 항복

(압축철근은 항복하는 것으로 가정)

$C_c = \alpha k_1 f_{cd}' xb = 11{,}920x$

$\varepsilon_s' \geq 0.002$로 가정

→ 압축철근 위치의 콘크리트 응력은 $k_1 f_{cd}'$

$C_s = A_s'(f_{yd}' - k_1 f_{cd}') = 575{,}500\,\mathrm{N}$

$T = A_s f_{yd}' = 1{,}588.5(400) = 635{,}400\,\mathrm{N}$

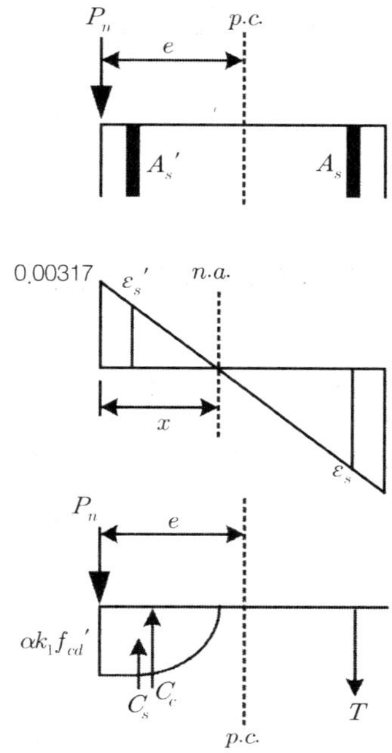

N_{ud}' 위치와 각 힘의 거리

$arm_{C_s} = 300 - 300 + 70 = 70\,\mathrm{mm}$

$arm_T = 300 + 300 - 70 = 530\,\mathrm{mm}$

$arm_{C_c} = 330 - 300 + 0.409x = 0.409x$

N_{ud}' 위치를 중심으로 모멘트를 취하여

0이 되는 중립축의 값

$C_s\,arm_{C_s} + C_c\,arm_{C_c} - T\,arm_T = 0$

$575{,}500(70) + 11{,}920x(0.409x) - 635{,}400(530) = 0$

이 식의 해를 구하면, $x = 247\,\mathrm{mm}$

압축철근의 항복 여부에 대한 가정 검토

$\varepsilon_s' = \varepsilon_{cu}' \dfrac{x - d'}{x} = 0.00317\dfrac{247 - 70}{247} = 0.00227$ → 가정과 같이 압축으로 항복

$\varepsilon_s' \geq 0.002$ 여부에 대한 가정 검토

가정과 같이 $\varepsilon_s' = 0.00227 \geq 0.002$

축강도와 휨강도

$C_c = 11{,}920x = 2{,}944{,}000\,\mathrm{N}$

$C_s = 575{,}500\,\mathrm{N}$

$T = 635{,}400\,\mathrm{N}$

$$N_{ud}{}' = \frac{C_c + C_s - T}{\gamma_b} = 2,622,000\,\text{N} = 2,622\,\text{kN}$$

$$M_{ud} = N_{ud}{}'e = 2,622(0.300) = 787\,\text{kN}\cdot\text{m}$$

7.5.5 도로교설계기준 한계상태설계법(2012)

(1) 중심축 하중

$$f_{cd} = \phi_c 0.85 f_{ck} = 0.65(0.85)(60) = 33\,\text{MPa}$$

$$f_{yd} = \phi_s f_y = 0.95(400) = 380\,\text{MPa}$$

$$\varepsilon_{yd} = f_{yd}/E_s = 380/200,000 = 0.0019$$

$$\varepsilon_{co} = 0.002 + \left(\frac{f_{ck} - 40}{100,000}\right) = 0.002 + \left(\frac{60-40}{100,000}\right) = 0.0022$$

$$A_g = 400 \times 600 = 240,000\,\text{mm}^2$$

$$N_{od} = f_{cd}(A_g - A_{st}) + f_{yd}A_{st} = 33(240,000 - 3,177) + 380(3,177)$$

$$= 9,022,000\,\text{N} = 9,022\,\text{kN}$$

(2) 균형변형률 상태

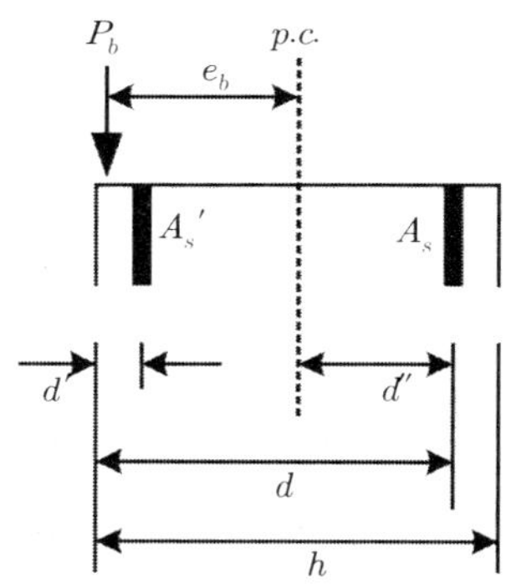

$$\varepsilon_{cu} = 0.0033 - \left(\frac{f_{ck} - 40}{100,000}\right) = 0.0033 - \left(\frac{60-40}{100,000}\right) = 0.0031$$

$$c_b = \frac{\varepsilon_{cu}}{\varepsilon_{yd} + \varepsilon_{cu}} d = \frac{0.0031}{0.0019 + 0.0031}(530) = 329\,\text{mm}$$

$$\varepsilon_s{}' = \varepsilon_{cu}\frac{c_b - d'}{c_b} = 0.0031\frac{329 - 70}{329} = 0.00244$$

$\varepsilon_s{}' > \varepsilon_{yd}$이므로, 압축철근 항복

축강도와 휨강도

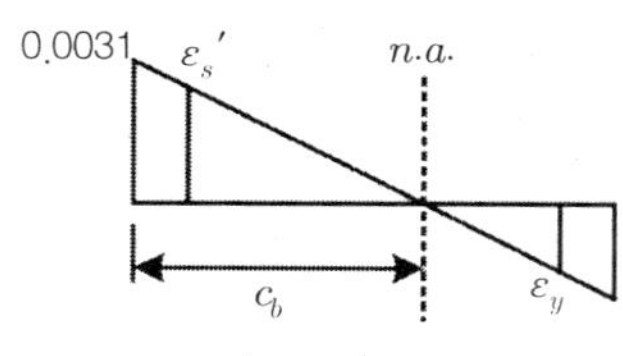

$$\alpha = 0.74, \ \beta = 0.39$$

$$T = A_s f_{yd} = 1,588.5(380) = 603,600\,\text{N}$$

$$C_c = \alpha f_{cd} c_b b = 0.74(33)(329)(400) = 3,214,000\,\text{N}$$

$\varepsilon_s' = 0.00244 > \varepsilon_{co} = 0.0022$ 이므로,

압축철근 위치의 콘크리트 응력은 f_{cd}

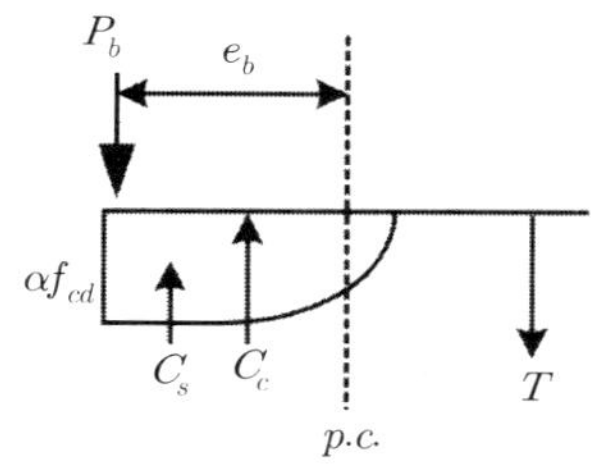

$C_s = A_s'(f_{yd} - f_{cd}) = 1,588.5(380 - 33) = 551,200\,\mathrm{N}$

$N_d = (C_c + C_s - T) = 3,162,000\,N = 3,162\,\mathrm{kN}$

$$M_d = C_c\left(\frac{h}{2} - \beta c_b\right) + C_s\left(\frac{h}{2} - d'\right) + T\left(\frac{d - d'}{2}\right)$$

$$= 3,124,000\left(\frac{600}{2} - 0.39(329)\right) + 551,200\left(\frac{600}{2} - 70\right) + 603,600\left(\frac{530 - 70}{2}\right)$$

$$= 802,000,000\,\mathrm{N \cdot mm} = 802\,\mathrm{kN \cdot m}$$

(3) 압축지배 영역 : 편심, $e = \dfrac{M_u}{N_u} = 175\,\mathrm{mm}$

$e < e_b$ 이므로, 인장철근은 항복하지 않음(압축철근 항복)

$C_c = \alpha f_{cd} x b = 9,768x$

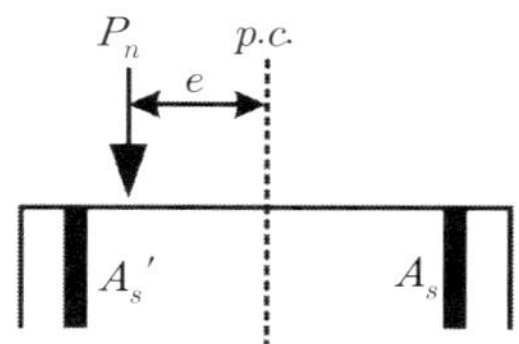

ε_s'은 균형변형률 상태의 $\varepsilon_s' = 0.00244$ 보다 크므로,

$\varepsilon_s' > \varepsilon_{co} = 0.0022$

→ 압축철근 위치의 콘크리트 응력은 f_{cd}

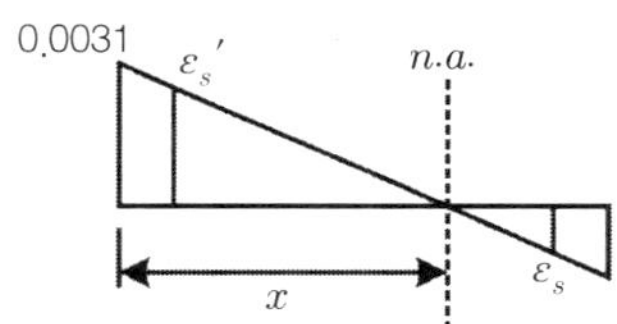

$C_s = A_s'(f_{yd} - f_{cd}) = 551,200\,\mathrm{N}$

$T = A_s \varepsilon_s E_s = 984,900\dfrac{530 - x}{x}$

N_d 위치와 각 힘의 거리

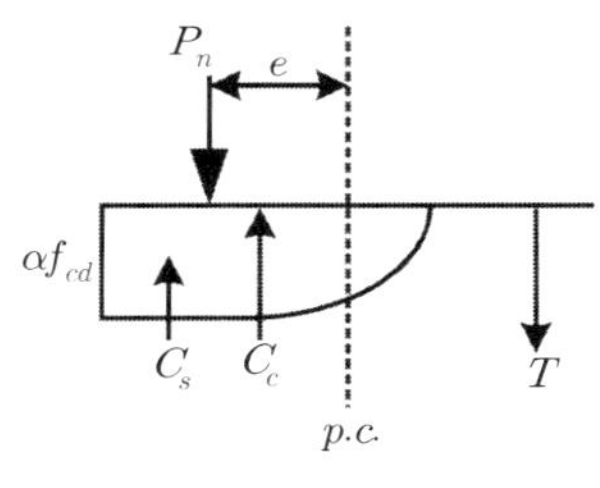

$arm_{C_s} = 125 - 70 = 55\,\mathrm{mm}$

$arm_T = 530 - 125 = 405\,\mathrm{mm}$

$arm_{C_c} = \beta x - 152 = 0.39x - 125$

N_d 위치를 중심으로 모멘트를 취하여 0이 되는 중립축의 값

$C_s\, arm_{C_s} - C_c\, arm_{C_c} + T\, arm_T = 0$

$$551,200(55) - 9,768x(0.39x - 125) + 984,900\frac{530 - x}{x}(405) = 0$$

이 식의 해를 구하면, $x = 412\,\mathrm{mm}$

축강도와 휨강도

$$C_c = 9,768x = 4,024,000\,\text{N}$$

$$C_s = 551,200\,\text{N}$$

$$T = 984,900\frac{530 - x}{x} = 282,100\,\text{N}$$

$$N_d = C_c + C_s - T = 4,293,000\,\text{N} = 4,293\,\text{kN}$$

$$M_d = N_d e = 4,293(0.175) = 751\,\text{kN}\cdot\text{m}$$

(4) 인장지배 영역 : 편심, $e = \dfrac{M_u}{N_u} = 300\,\text{mm}$

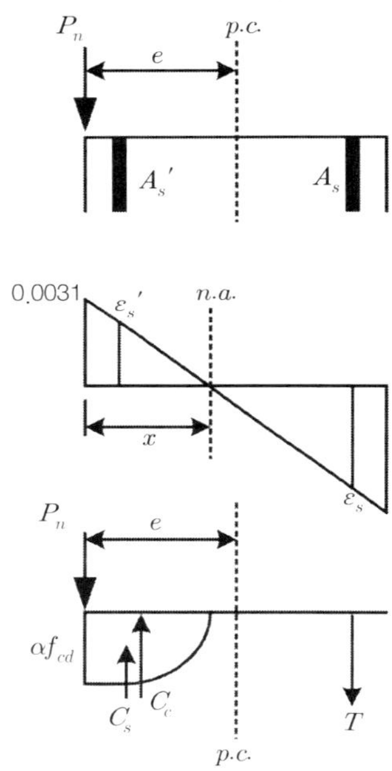

$e > e_b$이므로, 인장철근 항복

(압축철근은 항복하는 것으로 가정)

$$C_c = \alpha f_{cd} x b = 9,768x$$

$\varepsilon_s{}' \geq \varepsilon_{co} = 0.0022$로 가정

→ 압축철근 위치의 콘크리트 응력은 f_{cd}

$$C_s = A_s{}'(f_{yd} - f_{cd}) = 551,200\,\text{N}$$

$$T = A_s f_{yd} = 1,588.5(380) = 603,600\,\text{N}$$

N_d 위치와 각 힘의 거리

$$arm_{C_s} = 300 - 300 + 70 = 70\,\text{mm}$$

$$arm_T = 300 + 300 - 70 = 530\,\text{mm}$$

$$arm_{C_c} = 300 - 300 + 0.39x = 0.39x$$

N_d 위치를 중심으로 모멘트를 취하여 0이 되는 중립축의 값

$$C_s\, arm_{C_s} + C_c\, arm_{C_c} - T\, arm_T = 0$$

$$551,200(70) + 9,768x(0.39x) - 603,600(530) = 0$$

이 식의 해를 구하면, $x = 272\,\text{mm}$

압축철근의 항복 여부에 대한 가정 검토

$$\varepsilon_s' = \varepsilon_{cu}\frac{x-d'}{x} = 0.0031\frac{272-70}{272} = 0.00230$$

→ 가정과 같이 압축으로 항복

$\varepsilon_s' \geq \varepsilon_{co} = 0.0022$ 여부에 대한 가정 검토

가정과 같이 $\varepsilon_s' = 0.00230 \geq \varepsilon_{co} = 0.0022$

축강도와 휨강도

$$C_c = 9,768x = 2,657,000\,\text{N}$$

$$C_s = 551,200\,\text{N}$$

$$T = 603,600\,\text{N}$$

$$N_d = C_c + C_s - T = 2,605,000\,\text{N} = 2,605\,\text{kN}$$

$$M_d = N_d e = 2,605(0.300) = 782\,\text{kN}\cdot\text{m}$$

7.5.6 P–M 상관도

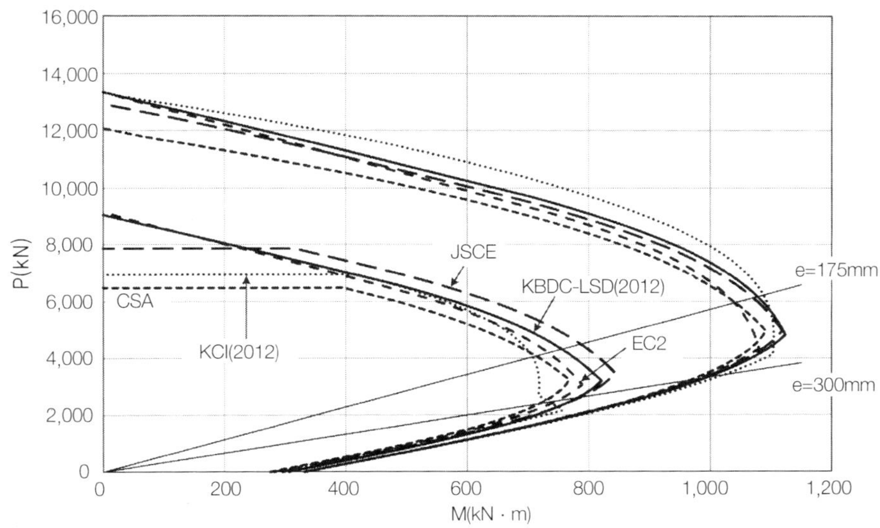

7.6 직사각형 기둥(고강도 철근)

철근 : 4-D32, 띠철근 기둥

$(A_{st} = 3{,}177\text{mm}^2,$

$A_s = A_s' = 1{,}588.5\text{mm}^2)$

콘크리트 설계기준압축강도 : $f_{ck} = 30\text{MPa}$

철근 설계기준항복강도 : $f_y = 600\text{MPa}$

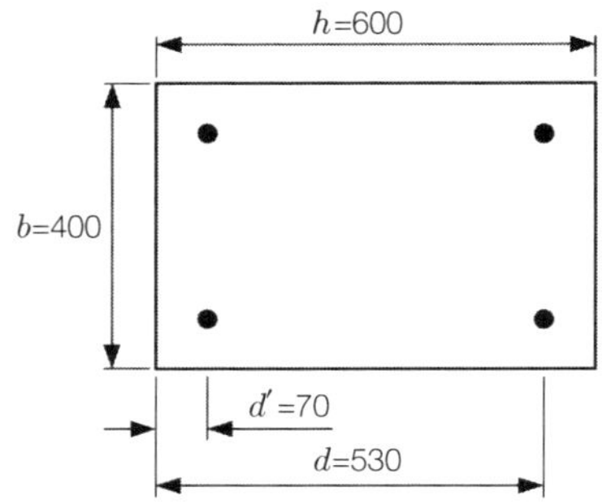

7.6.1 콘크리트구조기준(2012)과 ACI 318-11

(1) 중심축 하중

$A_g = 400 \times 600 = 240{,}000\,\text{mm}^2$

$P_o = 0.85 f_{ck}(A_g - A_{st}) + f_y A_{st}$

$= 0.85(30)(240{,}000 - 3{,}177) + 600(3{,}177) = 7{,}945{,}000\,\text{N} = 7{,}945\,\text{kN}$

$P_n = 0.80 P_o = 0.80(7{,}945) = 6{,}356\,\text{kN}$

$\phi P_n = 0.65(6{,}356) = 4{,}131\,\text{kN}$

(2) 균형변형률 상태

$\varepsilon_y = f_y / E_s = 600/200{,}000 = 0.003$

$c_b = \dfrac{0.003}{\epsilon_y + 0.003} d = \dfrac{0.003}{0.003 + 0.003}(530) = 265\,\text{mm}$

$\beta_1 = 0.85 - 0.007(f_{ck} - 28) = 0.836$

$a_b = \beta_1 c_b = 0.836(265) = 222\,\text{mm}$

$\varepsilon_s' = 0.003 \dfrac{c_b - d'}{c_b} = 0.003 \dfrac{265 - 70}{265} = 0.00221$

$\varepsilon_s' < \varepsilon_y$이므로, 압축철근은 항복하지 않음

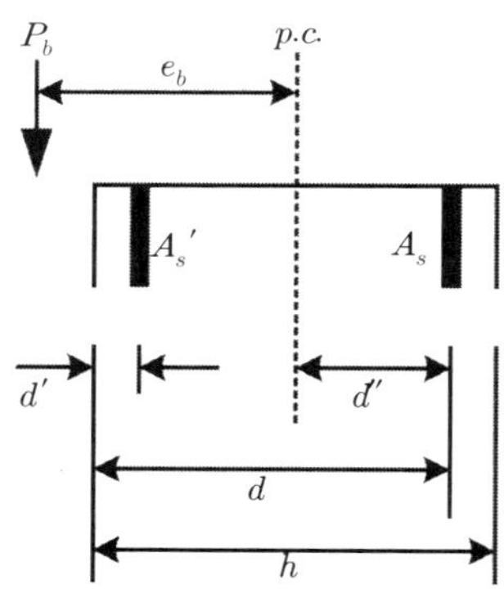

축강도와 휨강도

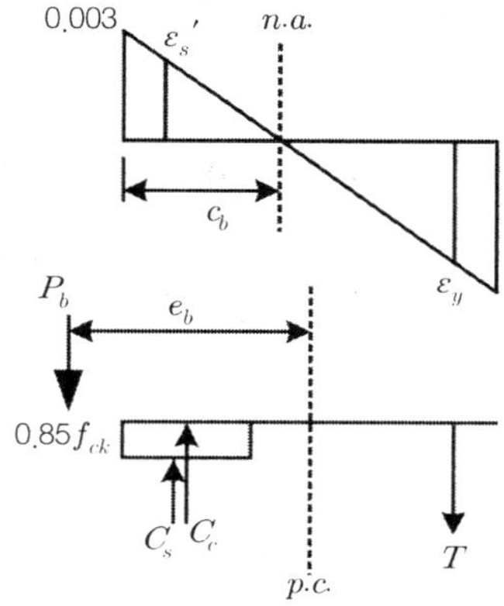

$$T = A_s f_y = 1,588.5(600) = 953,100\,\text{N}$$

$$C_c = 0.85 f_{ck} a_b b = 0.85(30)(222)(400) = 2,264,000\,\text{N}$$

$$C_s = A_s'(\varepsilon_s' E_s - 0.85 f_{ck})$$

$$= 1,588.5[0.00221(200,000) - 0.85(30)]$$

$$= 661,600\,\text{N}$$

$$P_n = C_c + C_s - T = 1,973,000\,\text{N} = 1,973\,\text{kN}$$

$$M_n = C_c\left(\frac{h}{2} - \frac{a}{2}\right) + C_s\left(\frac{h}{2} - d'\right) + T\left(\frac{d-d'}{2}\right)$$

$$= [2,264,000\left(\frac{600}{2} - \frac{222}{2}\right) + 661,600\left(\frac{600}{2} - 70\right) + 953,100\left(\frac{530-70}{2}\right)]/10^6$$

$$= 799\,\text{kN}\cdot\text{m}$$

$$\phi P_n = 0.65(1,973) = 1,282\,\text{kN}$$

$$\phi M_n = 0.65(799) = 519\,\text{kN}\cdot\text{m}$$

(3) 압축지배 영역 : 편심, $e = \dfrac{M_u}{P_u} = 148\,\text{mm}$

$e < e_b$이므로, 인장철근은 항복하지 않음

(압축철근은 항복하는 것으로 가정)

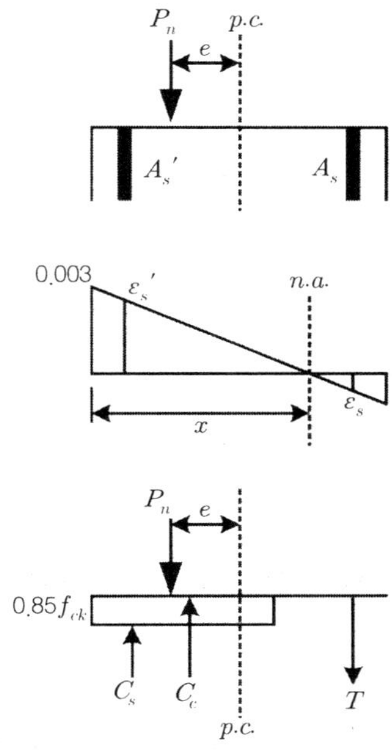

$$C_c = 0.85 f_{ck} \beta_1 x b = 8,527x$$

$$C_s = A_s'(\varepsilon_s' E_s - 0.85 f_{ck})$$

$$= A_s'(0.003\frac{x-d'}{x}E_s - 0.85 f_{ck})$$

$$= 953,100\frac{x-70}{x} - 40,510$$

$$T = A_s \varepsilon_s E_s = A_s E_s (0.003)\frac{d-x}{x}$$

$$= 953,100\frac{530-x}{x}$$

축강도와 휨강도

$arm_{C_s} = 152 - 70 = 82\,\text{mm}$

$arm_T = 530 - 152 = 378\,\text{mm}$

$arm_{C_c} = \dfrac{a}{2} - 152 = \dfrac{0.836x}{2} - 152 = 0.418x - 152$

P_n의 위치를 중심으로 모멘트를 취하여 0이 되는 중립축의 값

$C_s\,arm_{C_s} - C_c\,arm_{C_c} + T\,arm_T = 0$

$\left(953,100\dfrac{x-70}{x} - 40,510\right)82 - 8,527x(0.418x - 152) + 953,100\dfrac{530-x}{x}378 = 0$

이 식의 해를 구하면, $x = 446\,\text{mm}$

압축철근의 항복 여부에 대한 가정 검토

$\varepsilon_s{}' = 0.003\dfrac{x-d'}{x} = 0.003\dfrac{446-70}{446} = 0.00253$ → 가정과 같이 항복하지 않음

공칭축강도와 공칭휨강도

$C_c = 8,527x = 3,803,000\,\text{N}$

$C_s = 953,100\dfrac{x-70}{x} - 40,510 = 763,000\,\text{N}$

$T = 953,100\dfrac{530-x}{x} = 179,500\,\text{N}$

$P_n = C_c + C_s - T = 4,387,000\,\text{N} = 4,387\,\text{kN}$

$M_n = P_n e = 4,387(0.148) = 649\,\text{kN}\cdot\text{m}$

$\phi P_n = 0.65(4,387) = 2,852\,\text{kN}$

$\phi M_n = 0.65(649) = 422\,\text{kN}\cdot\text{m}$

(4) 인장지배 영역 : 편심, $e = \dfrac{M_u}{P_u} = 500\,\text{mm}$

$e > e_b$이므로, 인장철근 항복

(압축철근은 항복하는 않음.)

$$C_c = 0.85 f_{ck} \beta_1 x b = 8,527x$$

$$C_s = A_s{}'(\varepsilon_s{}' E_s - 0.85 f_{ck})$$

$$= A_s{}'\left(0.003 \frac{x - d'}{x} E_s - 0.85 f_{ck}\right)$$

$$= 953,100 \frac{x - 70}{x} - 40,510$$

$$T = A_s f_y = 1,588.5(600) = 953,100\,\text{N}$$

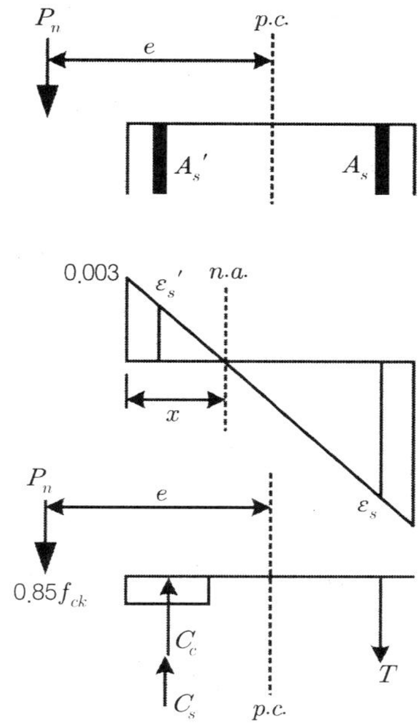

P_n의 위치와 각 힘의 거리

$$arm_{C_s} = 500 - 300 + 70 = 270\,\text{mm}$$

$$arm_T = 500 + 300 - 70 = 730\,\text{mm}$$

$$arm_{C_c} = 500 - 300 + \frac{0.836x}{2} = 200 + 0.418x$$

P_n의 위치를 중심으로 모멘트를 취하여 0이 되는 중립축의 값

$$C_s\, arm_{C_s} + C_c\, arm_{C_c} - T\, arm_T = 0$$

$$\left[953,100 \frac{x-70}{x} - 40,510\right] 270 + 8,527x(200 + 0.418x) - 953,100(730) = 0$$

이 식의 해를 구하면, $x = 215\,\text{mm}$

축강도와 휨강도

$$C_c = 8,527x = 1,833,000\,\text{N}$$

$$C_s = 953,100 \frac{x - 70}{x} - 40,510 = 602,300\,\text{N}$$

$$T = 953,100\,\text{N}$$

$$P_n = C_c + C_s - T = 1,482,000\,\text{N} = 1,482\,\text{kN}$$

$$M_n = P_n e = 1,482(0.500) = 741\,\text{kN} \cdot \text{m}$$

(a) 콘크리트구조기준(2012)

$\varepsilon_s = 0.003 \dfrac{d - x}{x} = 0.003 \dfrac{530 - 215}{215} = 0.00440 < 2.5\varepsilon_y$, 따라서 변화구간 단면

변화구간 단면의 강도감소계수

$$\phi = \phi_c + \frac{\phi_f - \phi_c}{2.5\varepsilon_y - \varepsilon_y}(\varepsilon_t - \varepsilon_y) = 0.65 + \frac{0.85 - 0.65}{0.0075 - 0.003}(0.00440 - 0.003) = 0.712$$

$$\phi P_n = 0.712(1{,}482) = 1{,}055\,\mathrm{kN}$$

$$\phi M_n = 0.712(741) = 528\,\mathrm{kN\cdot m}$$

(b) ACI 318-11

$$\varepsilon_s = 0.003\frac{d-x}{x} = 0.003\frac{530-215}{215} = 0.00440 < 0.005$$, 따라서 변화구간 단면

변화구간 단면의 강도감소계수

$$\phi = \phi_c + \frac{\phi_f - \phi_c}{0.005 - \varepsilon_y}(\varepsilon_t - \varepsilon_y) = 0.65 + \frac{0.90 - 0.65}{0.005 - 0.003}(0.00440 - 0.003) = 0.825$$

$$\phi P_n = 0.825(1{,}482) = 1{,}223\,\mathrm{kN}$$

$$\phi M_n = 0.825(741) = 611\,\mathrm{kN\cdot m}$$

7.6.2 CSA-A23.3-04

(1) 중심축 하중

$$\alpha_1 = 0.85 - 0.0015 f_c{}' = 0.805$$

$$A_g = 400 \times 600 = 240{,}000\,\mathrm{mm}^2$$

$$P_{r,\max} = 0.80 P_{ro} = 0.80[\alpha_1 \phi_c f_c{}'(A_g - A_{st}) + \phi_s f_y A_{st}]$$

$$= 0.80[0.805(0.65)(30)(240{,}000 - 3{,}177) + 0.85(600)(3{,}177)]$$

$$= 4{,}270{,}000\,\mathrm{N} = 4{,}270\,\mathrm{kN}$$

(2) 균형변형률 상태

$$\varepsilon_y = f_y / E_s = 600/200{,}000 = 0.003$$

$$c_b = \frac{0.0035}{\varepsilon_y + 0.0035}d = \frac{0.0035}{0.003 + 0.0035}(530) = 285\,\mathrm{mm}$$

$\beta_1 = 0.97 - 0.0025 f_c{}' = 0.895$

$a_b = \beta_1 c_b = 0.895(285) = 255\,\text{mm}$

$\varepsilon_s{}' = 0.0035 \dfrac{c_b - d'}{c_b} = 0.0035 \dfrac{285 - 70}{285} = 0.00264$

$\varepsilon_s{}' < \varepsilon_y$이므로, 압축철근은 항복하지 않음.

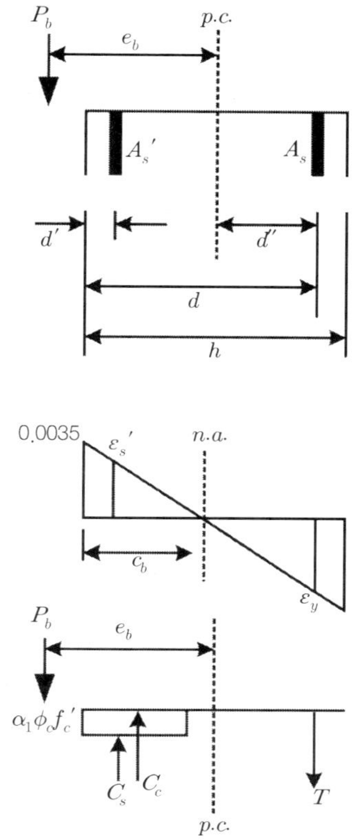

축강도와 휨강도

$T = A_s \phi_s f_y = 1{,}588.5(0.85)(600) = 810{,}100\,\text{N}$

$C_c = \alpha_1 \phi_c f_c{}' a_b b = 0.805(0.65)(30)(255)(400)$

$= 1{,}601{,}000\,\text{N}$

$C_s = A_s{}'(\phi_s \varepsilon_s{}' E_s - \alpha_1 \phi_c f_c{}') = 688{,}000\,\text{N}$

$P_r = C_c + C_s - T = 1{,}479{,}000\,\text{N} = 1{,}479\,\text{kN}$

$M_r = C_c\left(\dfrac{h}{2} - \dfrac{a}{2}\right) + C_s\left(\dfrac{h}{2} - d'\right) + T\left(\dfrac{d - d'}{2}\right)$

$= \begin{bmatrix} 1{,}601{,}000(\dfrac{600}{2} - \dfrac{255}{2}) + \\ 688{,}000(\dfrac{600}{2} - 70) + 810{,}100(\dfrac{530 - 70}{2}) \end{bmatrix} \times 10^{-6}$

$= 621\,\text{kN}\cdot\text{m}$

(3) 압축지배 영역 : 편심, $e = \dfrac{M_u}{P_u} = 148\,\text{mm}$

$e < e_b$이므로, 인장철근은 항복하지 않음

(압축철근은 항복하지 않는 것으로 가정)

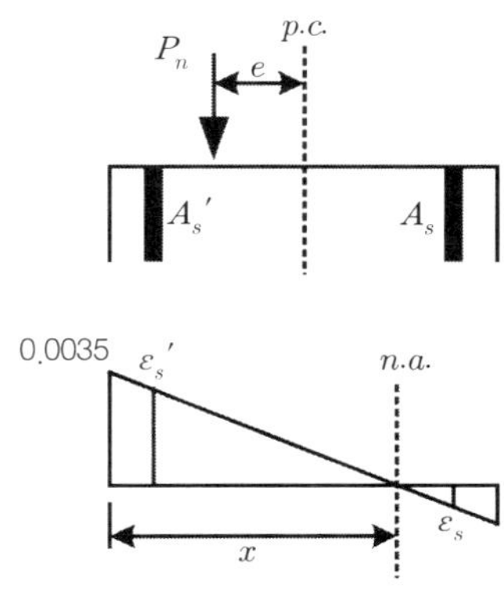

$C_c = \alpha_1 \phi_c f_c{}' \beta_1 x b = 5{,}620x$

$C_s = A_s{}'(\phi_s \varepsilon_s{}' E_s - \alpha_1 \phi_c f_c{}')$

$= A_s{}'\left[0.85(0.0035)\dfrac{x - d'}{x} E_s - \alpha_1 \phi_c f_c{}'\right]$

$= 945{,}200 \dfrac{x - 70}{x} - 24{,}940$

$$T = A_s \phi_s \varepsilon_s E_s = 945,200\frac{530-x}{x}$$

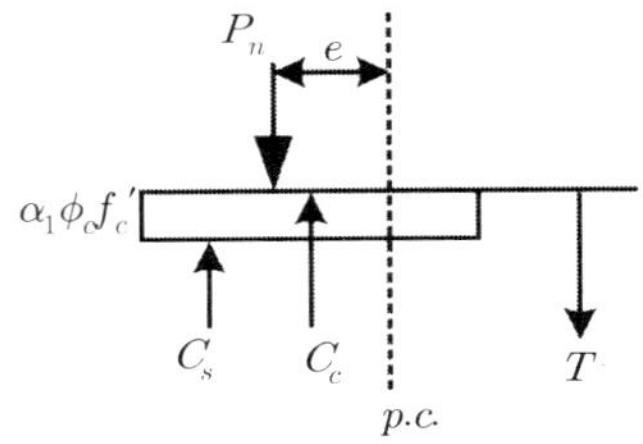

P_r의 위치와 각 힘의 거리

$$arm_{C_s} = 152 - 70 = 82\,\text{mm}$$

$$arm_T = 530 - 152 = 378\,\text{mm}$$

$$arm_{C_c} = \frac{a}{2} - 152 = \frac{0.895x}{2} - 152 = 0.448x - 152$$

P_r의 위치를 중심으로 모멘트를 취하여 0이 되는 중립축의 값

$$C_s\, arm_{C_s} - C_c\, arm_{C_c} + T\, arm_T = 0$$

$$\left(945,200\frac{x-70}{x} - 24,940\right)82 - 5,620x(0.448x - 152) + 945,200\frac{530-x}{x}378 = 0$$

이 식의 해를 구하면, $x = 451\,\text{mm}$

압축철근의 항복 여부에 대한 가정 검토

$\varepsilon_s' = 0.0035\frac{x-d'}{x} = 0.0035\frac{451-70}{451} = 0.00296$ → 가정과 같이 항복하지 않음

축강도와 휨강도

$$C_c = 5,620x = 2,535,000\,\text{N}$$

$$C_s = 945,200\frac{x-70}{x} - 24,940 = 773,600\,\text{N}$$

$$T = 945,200\frac{530-x}{x} = 165,600\,\text{N}$$

$$P_r = C_c + C_s - T = 3,143,000\,\text{N} = 3,143\,\text{kN}$$

$$M_r = P_r e = 3,143(0.148) = 465\,\text{kN}\cdot\text{m}$$

(4) 인장지배 영역 : 편심, $e = \frac{M_u}{P_u} = 500\,\text{mm}$

$e > e_b$이므로, 인장철근 항복

(압축철근은 항복하지 않음)

$$C_c = \alpha_1 \phi_c f_{ck} \beta_1 x b = 5{,}620x$$

$$C_s = A_s'(\phi_s \varepsilon_s' E_s - \alpha_1 \phi_c f_c')$$

$$= A_s'\left[0.85(0.0035)\frac{x-d'}{x}E_s - \alpha_1 \phi_c f_c'\right]$$

$$= 945{,}200\frac{x-70}{x} - 24{,}940$$

$$T = A_s \phi_s f_y = 1{,}588.5(0.85)(600) = 810{,}100\,\text{N}$$

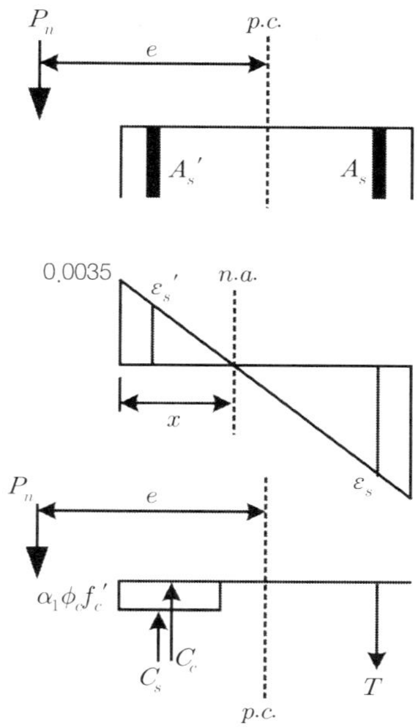

P_r의 위치와 각 힘의 거리

$$arm_{C_s} = 500 - 300 + 70 = 270\,\text{mm}$$

$$arm_T = 500 + 300 - 70 = 730\,\text{mm}$$

$$arm_{C_c} = 500 - 300 + \frac{0.895x}{2} = 200 + 0.448x$$

P_r의 위치를 중심으로 모멘트를 취하여 0이 되는 중립축의 값

$$C_s\, arm_{C_s} + C_c\, arm_{C_c} - T\, arm_T = 0$$

$$\left(945{,}200\frac{x-70}{x} - 24{,}940\right)270 + 5{,}620x(200 + 0.448x) - 810{,}100(730) = 0$$

이 식의 해를 구하면, $x = 241\,\text{mm}$

축강도와 휨강도

$$C_c = 5{,}620x = 1{,}354{,}000\,\text{N}$$

$$C_s = 945{,}200\frac{x-70}{x} - 24{,}940 = 670{,}700\,\text{N}$$

$$T = 810{,}100\,\text{N}$$

$$P_r = C_c + C_s - T = 1{,}215{,}000\,\text{N} = 1{,}215\,\text{kN}$$

$$M_r = P_r e = 1{,}215(0.500) = 608\,\text{kN}\cdot\text{m}$$

7.6.3 Eurocode 2

(1) 중심축 하중

$$f_{cd} = \frac{\alpha_{cc} f_{ck}}{\gamma_c} = \frac{0.85(30)}{1.5} = 17\,\text{MPa}$$

$$f_{yd} = f_{yk}/\gamma_s = 600/1.15 = 522\,\text{MPa}$$

$$\varepsilon_{yd} = f_{yd}/E_s = 522/200,000 = 0.00261$$

$\varepsilon_{c2} = 0.002,\ \varepsilon_{yd} = 0.00261 \rightarrow$ 콘크리트가 최대 응력에 도달할 때 철근은 항복하지 않음

$$A_g = 400 \times 600 = 240,000\,\text{mm}^2$$

$$N = f_{cd}(A_g - A_{st}) + \varepsilon_{c2} E_s A_{st} = 17(240,000 - 3177) + 0.002(200,000)(3177)$$

$$= 5,297,000\,\text{N} = 5,297\,\text{kN}$$

(2) 균형변형률 상태

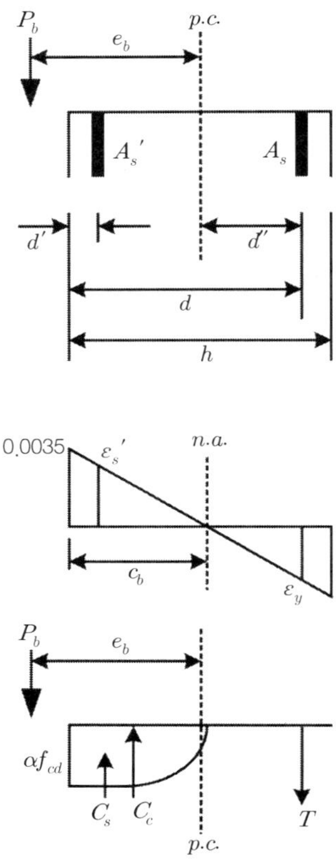

$$c_b = \frac{\varepsilon_{cu2}}{\varepsilon_{yd} + \varepsilon_{cu2}} d = \frac{0.0035}{0.00261 + 0.0035}(530) = 304\,\text{mm}$$

$$\varepsilon_s' = \varepsilon_{cu2} \frac{c_b - d'}{c_b} = 0.0035 \frac{304 - 70}{304} = 0.00269$$

$\varepsilon_s' > \varepsilon_{yd}$이므로, 압축철근 항복

축강도와 휨강도

$\alpha = 0.810,\ \beta = 0.416$

$$T = A_s f_{yd} = 1,588.5(522) = 829,200\,\text{N}$$

$$C_c = \alpha f_{cd} c_b b = 0.810(17)(304)(400) = 1,674,000\,\text{N}$$

$\varepsilon_s' = 0.00269 > \varepsilon_{c2} = 0.002$이므로,

압축철근 위치의 콘크리트 응력은 f_{cd}

$$C_s = A_s'(f_{yd} - f_{cd}) = 1,588.5(522 - 17) = 802,200\,\text{N}$$

$$N = C_c + C_s - T = 1,647,000\,\text{N} = 1,647\,\text{kN}$$

$$M = C_c\left(\frac{h}{2} - \beta c_b\right) + C_s\left(\frac{h}{2} - d'\right) + T\left(\frac{d-d'}{2}\right)$$

$$= 1{,}674{,}000\left(\frac{600}{2} - 0.416(304)\right) + 802{,}200\left(\frac{600}{2} - 70\right) + 829{,}200\left(\frac{530-70}{2}\right)$$

$$= 666{,}00{,}000\,\mathrm{N \cdot mm} = 666\,\mathrm{kN \cdot m}$$

(3) 압축지배 영역 : 편심, $e = \dfrac{M_d}{N_d} = 148\,\mathrm{mm}$

$e < e_b$이므로, 인장철근은 항복하지 않음(압축철근 항복)

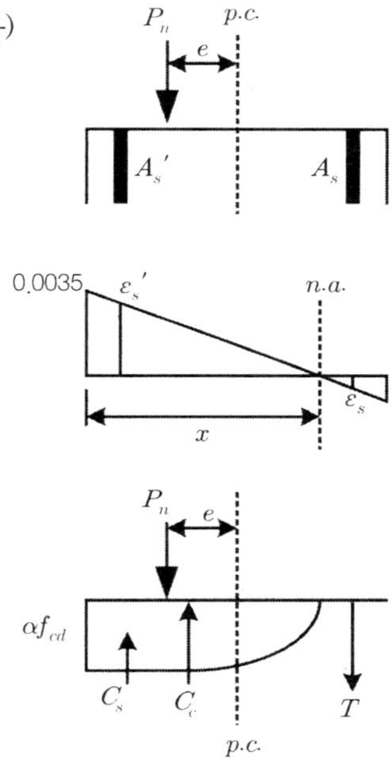

$C_c = \alpha f_{cd} x b = 5{,}508x$

ε_s'은 균형변형률 상태의 $\varepsilon_s' = 0.00269$보다 크므로,

$\varepsilon_s' \geq \varepsilon_{c2} = 0.002$

→ 압축철근 위치의 콘크리트 응력은 f_{cd}

$C_s = A_s'(f_{yd} - f_{cd}) = 802{,}200\,\mathrm{N}$

$T = A_s \varepsilon_s E_s = 1{,}112{,}000\dfrac{530 - x}{x}$

N 위치와 각 힘의 거리

$arm_{C_s} = 152 - 70 = 82\,\mathrm{mm}$

$arm_T = 530 - 152 = 378\,\mathrm{mm}$

$arm_{C_c} = \beta x - 152 = 0.416x - 152$

N 위치를 중심으로 모멘트를 취하여 0이 되는 중립축의 값

$C_s\, arm_{C_s} - C_c\, arm_{C_c} + T\, arm_T = 0$

$$802{,}200(82) - 5{,}508x(0.416x - 152) + 1{,}112{,}000\frac{530 - x}{x}(378) = 0$$

이 식의 해를 구하면, $x = 473\,\mathrm{mm}$

축강도와 휨강도

$C_c = 5{,}508x = 2{,}605{,}000\,\mathrm{N}$

$$C_s = 802,200\,\text{N}$$

$$T = 1,112,000\frac{530 - x}{x} = 134,000\,\text{N}$$

$$N = C_c + C_s - T = 3,273,000\,\text{N} = 3,273\,\text{kN}$$

$$M = P_n e = 3,273(0.148) = 484\,\text{kN}\cdot\text{m}$$

(4) 인장지배 영역 : 편심, $e = \dfrac{M_d}{N_d} = 500\,\text{mm}$

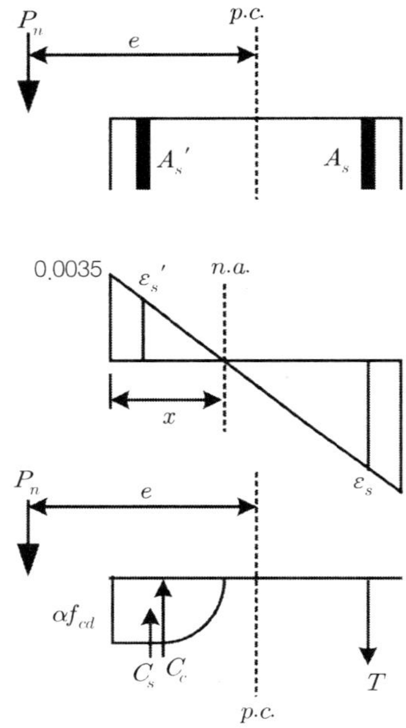

$e > e_b$이므로, 인장철근 항복

(압축철근은 항복하지 않는 것으로 가정)

$$C_c = \alpha f_{cd} x b = 5,508x$$

$\varepsilon_s' \geq \varepsilon_{c2} = 0.002$로 가정

→ 압축철근 위치의 콘크리트 응력은 f_{cd}

$$C_s = A_s'(\varepsilon_s' E_s - f_{cd})$$

$$= A_s'\left(\varepsilon_{cu2}\frac{x - d'}{x}E_s - f_{cd}\right)$$

$$= 1,091,000\frac{x - d'}{x} - 27,000$$

$$T = A_s f_{yd} = 1,588.5(522) = 829,200\,\text{N}$$

N 위치와 각 힘의 거리

$$arm_{C_s} = 500 - 300 + 70 = 270\,\text{mm}$$

$$arm_T = 500 + 300 - 70 = 730\,\text{mm}$$

$$arm_{C_c} = 500 - 300 + 0.416x = 200 + 0.416x$$

N 위치를 중심으로 모멘트를 취하여 0이 되는 중립축의 값

$$C_s\, arm_{C_s} + C_c\, arm_{C_c} - T\, arm_T = 0$$

$$\left(1,091,000\frac{x - d'}{x} - 27,000\right)270 + 5,508x(200 + 0.416x) - 829,200(730) = 0$$

이 식의 해를 구하면, $x = 243\,\text{mm}$

압축철근의 항복 여부에 대한 가정 검토

$$\varepsilon_s' = 0.0035\frac{x-d'}{x} = 0.0035\frac{243-70}{243} = 0.00249$$ → 가정과 같이 항복하지 않음

$\varepsilon_s' \geq \varepsilon_{c2} = 0.002$ 여부에 대한 가정 검토

가정과 같이 $\varepsilon_s' = 0.00249 \geq \varepsilon_{c2} = 0.002$

축강도와 휨강도

$C_c = 5{,}508x = 1{,}338{,}000\,\text{N}$

$$C_s = 1{,}091{,}000\frac{x-d'}{x} - 27{,}000 = 776{,}700\,\text{N}$$

$T = 829{,}200\,\text{N}$

$N = C_c + C_s - T = 1{,}391{,}000\,\text{N} = 1{,}391\,\text{kN}$

$M = P_n e = 1{,}391(0.500) = 696\,\text{kN}\cdot\text{m}$

7.6.4 JSCE(2007)

(1) 중심축 하중

$k_1 = 1 - 0.003f_{ck}' = 1 - 0.003(30) = 0.91$ 이므로, $k_1 = 0.85$

$f_{cd}' = f_{ck}'/\gamma_m = 30/1.3 = 23\,\text{MPa}$

$f_{yd}' = f_{yk}/\gamma_m = 600/1.0 = 600\,\text{MPa}$

$A_g = 400 \times 600 = 240{,}000\,\text{mm}^2$

$N_{oud}' = (k_1 f_{cd}' A_c + f_{yd}' A_{st})/\gamma_b = [0.85(23)(240{,}000-3177) + 600(3177)]/1.3$

$= 5{,}028{,}000\,\text{N} = 5{,}028\,\text{kN}$

(2) 균형변형률 상태

$$\varepsilon_{cu}' = \frac{155 - f_{ck}'}{30000} = 0.0042$$ 이므로, $\varepsilon_{cu}' = 0.0035$

$$\varepsilon_{yd}{}' = f_{yd}{}'/E_s = 600/200,000 = 0.003$$

$$c_b = \frac{\varepsilon_{cu}{}'}{\varepsilon_{yd}{}' + \varepsilon_{cu}{}'} d = \frac{0.0035}{0.003 + 0.0035}(530) = 285\,\text{mm}$$

$$\varepsilon_s{}' = \varepsilon_{cu}{}' \frac{c_b - d'}{c_b} = 0.0035 \frac{285 - 70}{285} = 0.00264$$

$\varepsilon_s{}' < \varepsilon_{yd}{}'$ 이므로, 압축철근은 항복하지 않음

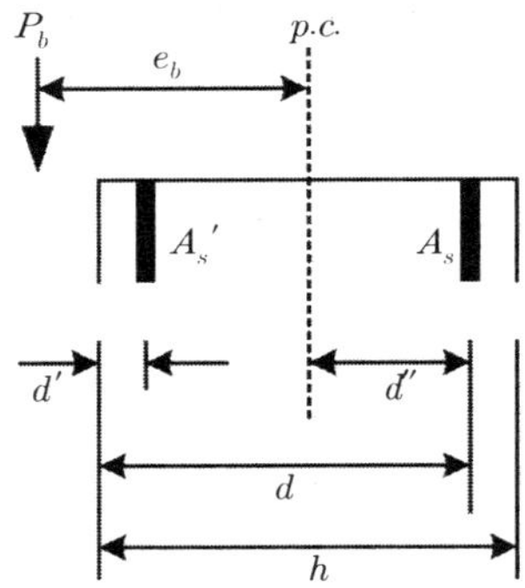

축강도와 휨강도

$\alpha = 0.810,\ \beta = 0.416$

$T = A_s f_{yd}{}' = 1,588.5(600) = 953,100\,\text{N}$

$C_c = \alpha k_1 f_{cd}{}' c_b b = 0.810(0.85)(23)(285)(400)$

$= 1,805,000\,\text{N}$

$\varepsilon_s{}' = 0.00264 > 0.002$ 이므로,

압축철근 위치의 콘크리트 응력은 $f_{cd}{}'$

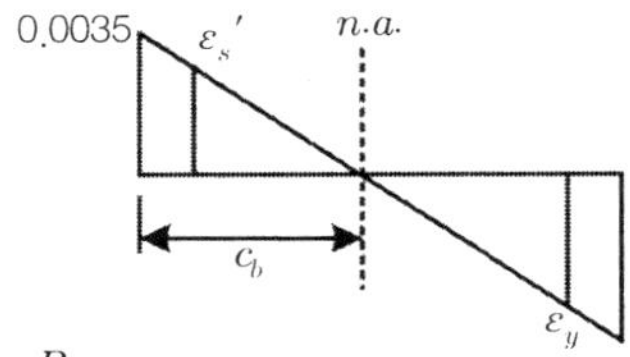

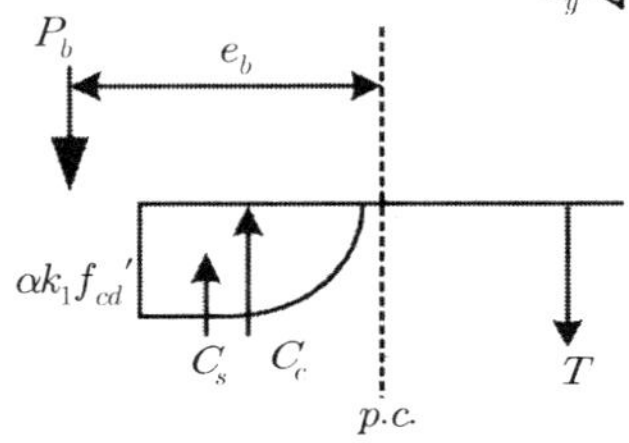

$$C_s = A_s{}'(\varepsilon_s{}' E_s - k_1 f_{cd}{}') = 1,588.5[0.00264(200,000) - 0.85(23)] = 807,700\,\text{N}$$

$$N_{ud}{}' = (C_c + C_s - T)/\gamma_b = 1,509,000\,\text{N} = 1,509\,\text{kN}$$

$$M_{ud} = \frac{C_c\left(\frac{h}{2} - \beta c_b\right) + C_s\left(\frac{h}{2} - d'\right) + T\left(\frac{d-d'}{2}\right)}{\gamma_b}$$

$$= \frac{1,805,000(\frac{600}{2} - 0.416(285)) + 807,700(\frac{600}{2} - 70) + 953,100(\frac{530-70}{2})}{1.1}$$

$$= 666,000,000\,\text{N}\cdot\text{mm} = 666\,\text{kN}\cdot\text{m}$$

(3) 압축지배 영역 : 편심, $e = \dfrac{M_d}{N_d{}'} = 148\,\text{mm}$

$e < e_b$ 이므로, 인장철근은 항복하지 않음

(압축철근은 항복하지 않는 것으로 가정)

$C_c = \alpha k_1 f_{cd}' xb = 6,334x$

ε_s' 은 균형변형률 상태의 $\varepsilon_s' = 0.00264$ 보다 크므로,

$\varepsilon_s' \geq 0.002$ → 압축철근 위치 콘크리트 응력은 $k_1 f_{cd}'$

$C_s = A_s'(\varepsilon_s' E_s - k_1 f_{cd}')$

$$= A_s' \left[\varepsilon_{cu}' \frac{x - d'}{x} E_s - k_1 f_{cd}' \right]$$

$$= 1,112,000 \frac{x - 70}{x} - 31,060$$

$$T = A_s \varepsilon_s E_s = 1,112,000 \frac{530 - x}{x}$$

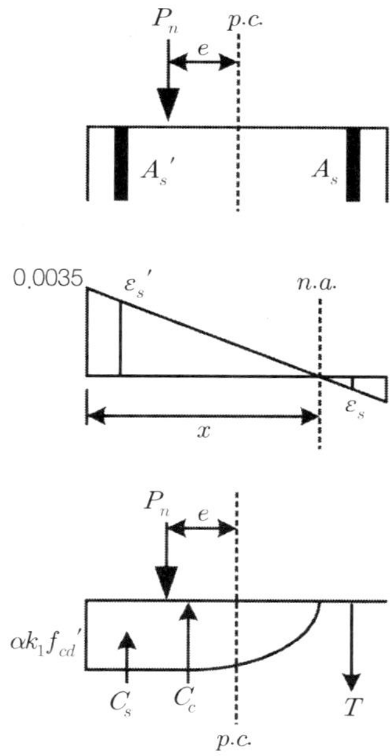

N_{ud}' 위치와 각 힘의 거리

$arm_{C_s} = 152 - 70 = 82\,\text{mm}$

$arm_T = 530 - 152 = 378\,\text{mm}$

$arm_{C_c} = \beta x - 152 = 0.416x - 152$

N_{ud}' 위치를 중심으로 모멘트를 취하여 0이 되는 중립축의 값

$$C_s\, arm_{C_s} - C_c\, arm_{C_c} + T\, arm_T = 0$$

$$\left(1,112,000 \frac{x - 70}{x} - 31,060\right) 82 - 6,334x(0.416x - 152) + 1,112,000 \frac{530 - x}{x} 378 = 0$$

이 식의 해를 구하면, $x = 470\,\text{mm}$

압축철근의 항복 여부에 대한 가정 검토

$\varepsilon_s' = \varepsilon_{cu}' \dfrac{x - d'}{x} = 0.0035 \dfrac{470 - 70}{470} = 0.00298$ → 가정과 같이 항복하지 않음

축강도와 휨강도

$C_c = 6,334x = 2,977,000\,\text{N}$

$$C_s = 1,112,000 \frac{x - 70}{x} - 31,060 = 915,300\,\text{N}$$

$$T = 1,112,000\frac{530-x}{x} = 142,000\,\text{N}$$

$$N_{ud}' = \frac{C_c + C_s - T}{\gamma_b} = 3,409,000\,\text{N} = 3,409\,\text{kN}$$

$$M_{ud} = N_{ud}'e = 3,409(0.148) = 505\,\text{kN}\cdot\text{m}$$

(4) 인장지배 영역 : 편심, $e = \dfrac{M_d}{N_d'} = 500\,\text{mm}$

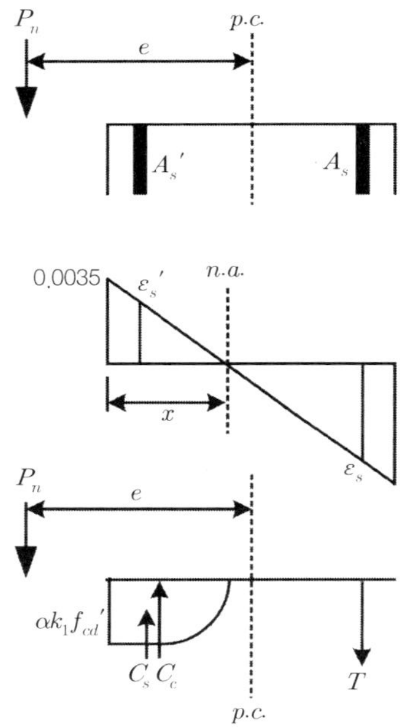

$e > e_b$이므로, 인장철근 항복

(압축철근은 항복하지 않음)

$$C_c = \alpha k_1 f_{cd}' x b = 6,334x$$

$\varepsilon_s' \geq 0.002$로 가정

→ 압축철근 위치의 콘크리트 응력은 $k_1 f_{cd}'$

$$C_s = A_s'(\varepsilon_s' E_s - k_1 f_{cd}')$$

$$= A_s'\left[\varepsilon_{cu}'\frac{x-d'}{x}E_s - k_1 f_{cd}'\right]$$

$$= 1,112,000\frac{x-70}{x} - 31,060$$

$$T = A_s f_{yd}' = 1,588.5(600) = 953,100\,\text{N}$$

N_{ud}' 위치와 각 힘의 거리

$$arm_{C_s} = 500 - 300 + 70 = 270\,\text{mm}$$

$$arm_T = 500 + 300 - 70 = 730\,\text{mm}$$

$$arm_{C_c} = 500 - 300 + 0.416x = 200 + 0.416x$$

N_{ud}' 위치를 중심으로 모멘트를 취하여 0이 되는 중립축의 값

$$C_s\,arm_{C_s} + C_c\,arm_{C_c} - T\,arm_T = 0$$

$$\left(1,112,000\frac{x-70}{x} - 31,060\right)270 + 6,334x(200 + 0.416x) - 953,100(730) = 0$$

이 식의 해를 구하면, $x = 252\,\text{mm}$

$\varepsilon_s' \geq 0.002$ 여부에 대한 가정 검토

$$\varepsilon_s' = \varepsilon_{cu}' \frac{x-d'}{x} = 0.0035\frac{252-70}{252} = 0.00253$$

→ 가정과 같이 $\varepsilon_s' = 0.00253 \geq 0.002$

축강도와 휨강도

$C_c = 6{,}334x = 1{,}596{,}000\,\mathrm{N}$

$$C_s = 1{,}112{,}000\frac{x-70}{x} - 31{,}060 = 772{,}100\,\mathrm{N}$$

$T = 953{,}100\,\mathrm{N}$

$$N_{ud}' = \frac{C_c + C_s - T}{\gamma_b} = 1{,}286{,}000\,\mathrm{N} = 1{,}286\,\mathrm{kN}$$

$M_{ud} = N_{ud}'e = 1{,}286(0.500) = 643\,\mathrm{kN\cdot m}$

7.6.5 도로교설계기준 한계상태설계법(2012)

(1) 중심축 하중

$f_{cd} = \phi_c 0.85 f_{ck} = 0.65(0.85)(30) = 17\,\mathrm{MPa}$

$f_{yd} = \phi_s f_y = 0.95(600) = 570\,\mathrm{MPa}$

$\varepsilon_{yd} = f_{yd}/E_s = 570/200{,}000 = 0.00285$

$\varepsilon_{co} = 0.002,\ \varepsilon_{yd} = 0.00285$

→ 콘크리트가 최대 응력에 도달할 때 철근은 항복하지 않음

$A_g = 400 \times 600 = 240{,}000\,\mathrm{mm}^2$

$N_{od} = f_{cd}(A_g - A_{st}) + \varepsilon_{co}E_sA_{st} = 17(240{,}000 - 3{,}177) + 0.002(200{,}000)(3{,}177)$

$= 5{,}297{,}000\,\mathrm{N} = 5{,}297\,\mathrm{kN}$

(2) 균형변형률 상태

$\varepsilon_{cu} = 0.0033$

$$c_b = \frac{\varepsilon_{cu}}{\varepsilon_{yd} + \varepsilon_{cu}} d = \frac{0.0033}{0.00285 + 0.0033}(530) = 284\,\text{mm}$$

$$\varepsilon_s' = \varepsilon_{cu} \frac{c_b - d'}{c_b} = 0.0033 \frac{284 - 70}{284} = 0.00249$$

$\varepsilon_s' < \varepsilon_{yd}$이므로, 압축철근은 항복하지 않음

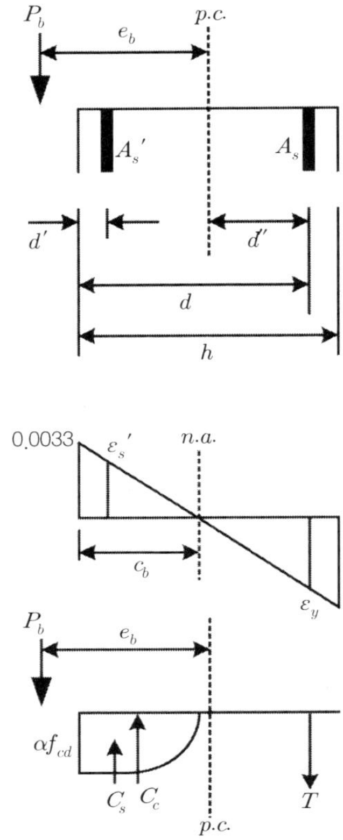

축강도와 휨강도

$\alpha = 0.80, \; \beta = 0.41$

$T = A_s f_{yd} = 1{,}588.5(570) = 905{,}400\,\text{N}$

$C_c = \alpha f_{cd} c_b b = 0.80(17)(284)(400) = 1{,}545{,}000\,\text{N}$

$\varepsilon_s' = 0.00249 > \varepsilon_{co} = 0.002$이므로,

압축철근 위치의 콘크리트 응력은 f_{cd}

$$C_s = A_s'(\varepsilon_s' E_s - f_{cd})$$

$$= 1{,}588.5[0.00249(200{,}000) - 17) = 764{,}100\,\text{N}$$

$$N_d = (C_c + C_s - T) = 1{,}404{,}000\,\text{N} = 1{,}404\,\text{kN}$$

$$M_d = C_c\left(\frac{h}{2} - \beta c_b\right) + C_s\left(\frac{h}{2} - d'\right) + T\left(\frac{d - d'}{2}\right)$$

$$= 1{,}545{,}000\left(\frac{600}{2} - 0.41(284)\right) + 764{,}100\left(\frac{600}{2} - 70\right) + 905{,}400\left(\frac{530 - 70}{2}\right)$$

$$= 668{,}000{,}000\,\text{N}\cdot\text{mm} = 668\,\text{kN}\cdot\text{m}$$

(3) 압축지배 영역 : 편심, $e = \dfrac{M_u}{N_u} = 148\,\text{mm}$

$e < e_b$이므로, 인장철근은 항복하지 않음

(압축철근은 항복하지 않는 것으로 가정)

$C_c = \alpha f_{cd} x b = 5{,}440x$

ε_s'은 균형변형률 상태의 $\varepsilon_s' = 0.00249$보다 크므로,

$\varepsilon_s' > \varepsilon_{co} = 0.0022$

→ 압축철근 위치의 콘크리트 응력은 f_{cd}

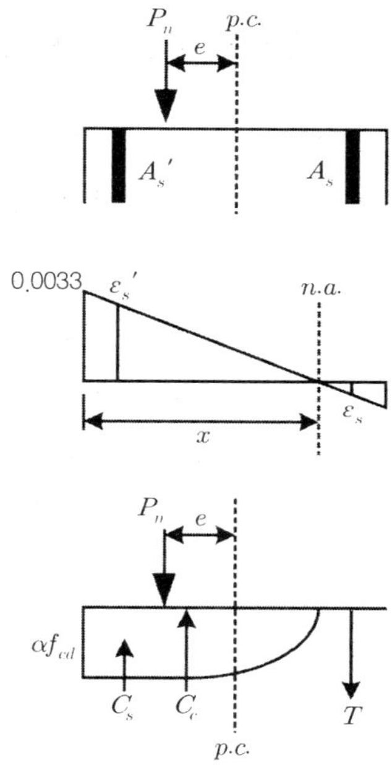

$$C_s = A_s'(\varepsilon_s' E_s - f_{cd})$$

$$= A_s'\left[\varepsilon_{cu}\frac{x-d'}{x}E_s - f_{cd}\right]$$

$$= 1{,}048{,}000\frac{x-70}{x} - 27{,}000$$

$$T = A_s\varepsilon_s E_s = 1{,}048{,}000\frac{530-x}{x}$$

N_d 위치와 각 힘의 거리

$$arm_{C_s} = 152 - 70 = 82\,\text{mm}$$

$$arm_T = 530 - 152 = 378\,\text{mm}$$

$$arm_{C_c} = \beta x - 152 = 0.41x - 152$$

N_d 위치를 중심으로 모멘트를 취하여 0이 되는 중립축의 값

$$C_s\,arm_{C_s} - C_c\,arm_{C_c} + T\,arm_T = 0$$

$$\left(1{,}048{,}000\frac{x-70}{x} - 27{,}000\right)82 - 5{,}440x(0.41x - 152) + 1{,}048{,}000\frac{530-x}{x}378 = 0$$

이 식의 해를 구하면, $x = 478\,\text{mm}$

압축철근의 항복 여부에 대한 가정 검토

$$\varepsilon_s' = \varepsilon_{cu}\frac{x-d'}{x} = 0.0033\frac{478-70}{478} = 0.00282$$ → 가정과 같이 항복하지 않음

축강도와 휨강도

$$C_c = 5{,}440x = 2{,}600{,}000\,\text{N}$$

$$C_s = 1{,}048{,}000\frac{x-70}{x} - 27{,}000 = 867{,}500\,\text{N}$$

$$T = 1{,}048{,}000\frac{530-x}{x} = 114{,}000\,\text{N}$$

$$N_d = C_c + C_s - T = 3{,}354{,}000\,\text{N} = 3{,}354\,\text{kN}$$

$$M_d = N_d e = 3{,}354(0.148) = 496\,\text{kN}\cdot\text{m}$$

(4) 인장지배 영역 : 편심, $e = \dfrac{M_u}{N_u} = 500\,\text{mm}$

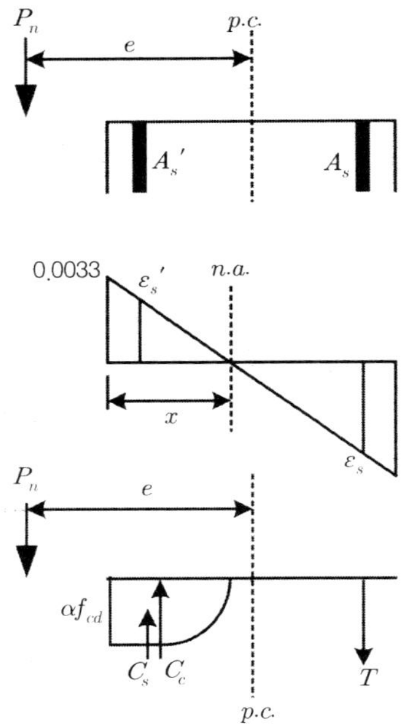

$e > e_b$이므로, 인장철근 항복

(압축철근은 항복하지 않음)

$C_c = \alpha f_{cd} x b = 5,440x$

$\varepsilon_s' \geq \varepsilon_{co} = 0.002$로 가정

→ 압축철근 위치의 콘크리트 응력은 f_{cd}

$C_s = A_s'(\varepsilon_s' E_s - f_{cd})$

$= A_s'\left[\varepsilon_{cu} \dfrac{x - d'}{x} E_s - f_{cd}\right]$

$= 1,048,000 \dfrac{x - 70}{x} - 27,000$

$T = A_s f_{yd} = 1,588.5(570) = 905,400\,\text{N}$

N_d 위치와 각 힘의 거리

$arm_{C_s} = 500 - 300 + 70 = 270\,\text{mm}$

$arm_T = 500 + 300 - 70 = 730\,\text{mm}$

$arm_{C_c} = 500 - 300 + 0.41x = 200 + 0.41x$

N_d 위치를 중심으로 모멘트를 취하여 0이 되는 중립축의 값

$C_s\, arm_{C_s} + C_c\, arm_{C_c} - T\, arm_T = 0$

$\left(1,048,000 \dfrac{x - 70}{x} - 27,000\right) 270 + 5,440x(200 + 0.41x) - 905,400(730) = 0$

이 식의 해를 구하면, $x = 271\,\text{mm}$

$\varepsilon_s' \geq \varepsilon_{co} = 0.002$ 여부에 대한 가정 검토

$\varepsilon_s' = \varepsilon_{cu} \dfrac{x - d'}{x} = 0.0033 \dfrac{271 - 70}{271} = 0.00245$

→ 가정과 같이 $\varepsilon_s' = 0.00245 \geq \varepsilon_{co} = 0.002$

축강도와 휨강도

$$C_c = 5{,}440x = 1{,}474{,}000\,\mathrm{N}$$

$$C_s = 1{,}048{,}000\frac{x-70}{x} - 27{,}000 = 750{,}300\,\mathrm{N}$$

$$T = 905{,}400\,\mathrm{N}$$

$$N_d = C_c + C_s - T = 1{,}319{,}000\,\mathrm{N} = 1{,}319\,\mathrm{kN}$$

$$M_d = N_d e = 1{,}319(0.500) = 660\,\mathrm{kN\cdot m}$$

7.6.6 P–M 상관도

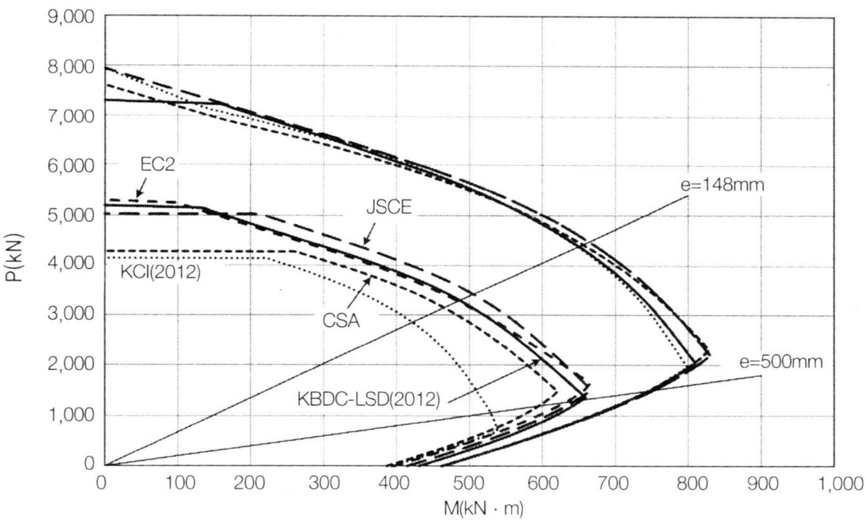

참/고/문/헌

1) 국토해양부, 건축구조기준, 2009.

2) 국토해양부, 도로교설계기준, 2010.

3) 국토해양부, 철도설계기준(노반편), 2011.

4) 국토해양부, 도로교설계기준 한계상태설계법, 2012.

5) 국토해양부, 콘크리트구조기준, 2012.

6) 김진근 · 이성태 · 양은익, "콘크리트의 휨 압축강도의 크기효과" 한국콘크리트학회 논문집, 제11권 2호, 1999, pp.157~165.

7) 신현묵 · 이재훈, 철근콘크리트, 11판, 동명사, 2013, p.707.

8) 이재훈 · 손혁수 · 김준범, "고강도 철근 콘크리트 기둥의 실험 및 강도해석", 한국콘크리트학회 논문집, 제11권 1호, 1999, pp.149~160.

9) 이재훈 · 임강섭 · 황도규, "성능 중심 설계기준을 위한 콘크리트 압축응력 분포", 한국콘크리트학회 논문집, 제23권 3호, 2011, pp.365~376.

10) 한국콘크리트학회, "콘크리트구조설계기준 해설", 2007.

11) 한국콘크리트학회, "콘크리트구조기준 해설", 2012.

12) ACI 318-77, "Building Code Requirements for Reinforced Concrete", American Concrete Institute, Detroit, Michigan, USA, 1977.

13) ACI 318-05, "Building Code Requirements for structural Concrete and Commentary", American Concrete Institute, Farmington Hills, USA, 2002.

14) ACI 318-11, "Building Code Requirements for Structural Concrete and Commentary", American Concrete Institute, Farmington Hills, Michigan, USA, 2011.

15) Attard, M. M. and Stewart, M. G. "A Two Parameter Stress Block for High-Strength Concrete", ACI Structural Journal, V. 95, No. 3, May-June, 1998, pp.305~317.

16) Azizinamini, A., Kuska, S. S. B., Brungardt, P. and Hatfield, E. "Seismic Behavior of Square High-Strength Concrete Columns", ACI Structural Journal, V. 91, No. 3, May-June 1994, pp.336~345.

17) Bae, S. and Bayrak, O. "Stress Block Parameters for High-Strength Concrete Members", ACI Structural Journal, V. 100, No. 5, Sept.-Oct. 2003, pp.626~636.

18) CEN, EN 2004 "Eurocode 2 : Design of Concrete Structures", European Committee for Standardization, 2004.

19) CSA, "Design of Concrete Structures (CSA Standard A23.3-04)", Canadian Standard Association, Rexdale, Ontario, Canada, 2004.

20) JSCE, "Standard Specifications for Concrete Structures-2007, Design", JSCE Guidelines for Concrete No. 15, Japan Society of Civil Engineers, Japan, 2007.

21) Coignet, E. and Tédesco, N. de "Du Calcul des Ouvrages en Ciment Avec Ossature Métallique", Mémories de la Société des Ingénieurs Civils de France, 1894, pp.282~263.

22) Hognestad, E. "A Study of Combined Bending and Axial Load in Reinforced Concrete Members", University of Illinois Bulletin Series No. 399, 1951, University of Illinois at Urbana-Champaign, Il.

23) Hognestad, E., Hanson, N. W., and McHenry, D. "Concrete Stress Distribution in Ultimate Strength Design," ACI Journal, Proceeding V.27, No. 3, Nov. 1955, pp.455~479.

24) Ibrahim, H. H., and MacGregor, J. G., "Modification of the ACI Rectangular Stress Block for High-Strength Concrete," ACI Structural Journal, V.94, No.1, Jan-Feb. 1997, pp.40~48.

25) Kaar, P. H., Hanson, N. W., and Capell, H. T., "Stress-Strain Characteristics of High Strength Concrete", SP-55, American Concrete Institute, Farmington Hills, 1978, pp.161~185.

26) Koenen, M. "Für die Berechnung der Stärke der Monierschen Cementplatten", Zentralblatt der Bauverwaltung, V.6, No. 47, Nov. 1886, p.462.

27) Lee, J. H., and Son, H. S., "Failure and Strength of High-Strength Concrete Columns Subjected to Eccentric Loads." ACI Structural Journal, V.97, No.1, Jan-Feb. 2000, pp.75~85.

28) Mattock, A., Kriz, L. and Hognestad, E. "Rectangular Concrete Stress Distribution in Ultimate Strength Design", ACI Journal Proceedings, V. 57, Feb. 1961, pp.875~928.

29) Nedderman, H., "Flexural Stress Distribution in Extra High Strength Concrete", Masters Degree Thesis 1973, Department of Civil Engineering, University of Texas at Arlington.

30) Rusch, H., "Tests on the Strength of the Flexural Compression Zone", Bulletin N9.120, Deutscher Ausschuss Fur Stahlbeton, Berlin, 1955, p.94.

31) Schade, J. E. "Flexural Concrete Stress in High Strength Concrete Columns", M. A. Sc Thesis, Department of Civil Engineering, University of Calgary, Alberta, Sept. 1992, p.156.

32) Soliman, M. T. M. and Yu, C. W. "The Flexural Stress-Strain Relationship of Concrete Confined by Rectangular Transverse Reinforcement", Magazine of Concrete Research, V. 19, 1967, pp.223~238.

33) Swartz, S. E., Nikaeen, A., Narayan Babu, H. D., Periyakaruppan, N., and Refai, T. M. E., "Structural Bending Properties of Higher Strength Concrete", High-strength Concrete, SP-87, H. G. Russell, ed., American Concrete Institute, Farmington Hills, Mich., 1987, pp.147~178.

34) Wee, T. H., Chin, N. S. and Mansur, M. A. "Stress-Strain Relationship og High Strength Concrete in Compression", Journal of Materials in Civil Engineering, V. 8, No. 2, 1996, pp.70~76.

35) Whitney, C. S. "Design of Reinforced Concrete Members under Flexure and Combined Flexure and Direct Compression", ACI Journal Proceedings V. 33, March-April, 1937, pp.483~498.

KCI 102 - **휨-압축위원회(2014.12 현재)**

위원장	이재훈	영남대학교 교수
간사	김재요	광운대학교 교수
위원	김병권	삼표이엔씨(주)기술연구소
	김재홍	삼성물산(주) 차장
	김태훈	삼성물산(주) 차장
	변윤주	수성엔지니어링 부사장
	신윤봉	대우건설 과장
	양은익	강릉원주대학교 교수
	엄태성	단국대학교 교수
	이도형	배재대학교 교수
	장일영	금오공과대학교 교수
	조재열	서울대학교 교수
	최창식	한양대학교 교수
	홍건호	호서대학교 교수
	홍기남	충북대학교 교수
	황도규	영남대학교 박사과정

콘크리트 실무지침

국내외 주요 기준의 휨-압축 부재 설계 및 예제

2014년 12월 25일 1판 1쇄 인쇄
2014년 12월 30일 1판 1쇄 발행

관리주체 사단법인 한국콘크리트학회
서울특별시 강남구 테헤란로 7길 2:
한국과학기술회관 신관 1009호
TEL. 02)568-5984~7
FAX. 02)568-1918

출판보급처 기 문 당
서울시 성동구 무학봉 28길 4-1
TEL. 02)2295-6171(代)~5
FAX. 02)2296-8188

출판등록 1976. 10. 7 (1-44)

홈페이지 http : // 기문당
http : // www.kimoondang.com

I S B N 978-89-6225-676-5 93530

정 가 16,000원